职业教育信息技术类专业创新型系列教材

网络设备管理与维护实训教程
——基于华为 eNSP 模拟器
（第三版）

主　编　罗　忠　张文库　黄国平

副主编　古君彬　郑云辉　任佩亚

科学出版社

北　京

内 容 简 介

本书的编写体现"做中学，做中教"的职业教育教学特色，内容采用"项目—任务—训练"的结构体系，在工作现场需求与实践应用中引入教学项目，在带领学生完成工作任务的过程中培养学生解决实际问题的能力。

本书包含六个项目，分别为 eNSP 模拟器的使用、交换机的配置、路由器的配置、网络的安全配置、无线网络的配置和综合实训。书中软件使用最新的华为 eNSP 模拟器，全部项目紧密结合先进技术，符合企业需求，贴近生产实际。

本书配套数字化资源丰富，可作为职业院校计算机网络技术专业或相关专业学生的教材使用，也可作为计算机网络技能比赛训练、广大网络工程技术人员及华为 1+X 网络系统建设与运维职业技能等级证书（中级）考证的技术参考书。

图书在版编目（CIP）数据

网络设备管理与维护实训教程：基于华为 eNSP 模拟器/罗忠，张文库，黄国平主编. —3 版. —北京：科学出版社，2024.6
（职业教育信息技术类专业创新型系列教材）
ISBN 978-7-03-075322-9

Ⅰ.①网…　Ⅱ.①罗…　②张…　③黄…　Ⅲ.①网络设备-设备管理-职业教育-教材 ②网络设备-维修-职业教育-教材　Ⅳ.①TP393.05

中国国家版本馆 CIP 数据核字（2023）第 055535 号

责任编辑：陈砺川　袁星星／责任校对：王万红
责任印制：吕春珉／封面设计：东方人华平面设计部

科学出版社 出版

北京东黄城根北街 16 号
邮政编码：100717
http://www.sciencep.com

廊坊市都印刷有限公司 印刷
科学出版社发行　　各地新华书店经销
*

2011 年 7 月第一版　　2024 年 6 月第二十七次印刷
2020 年 12 月第二版　　开本：787×1092 1/16
2024 年 6 月第三版　　印张：15 1/2
字数：386 000

定价：49.00 元

（如有印装质量问题，我社负责调换）

销售部电话 010-62136230　编辑部电话 010-62135763-1028

第三版前言

随着计算机及网络技术的迅猛发展，计算机网络及应用已经渗透到社会各个领域，并影响和改变着人们的生活和工作方式，学习和掌握网络技术至关重要。为了突出职业学校学生以培养技能为主的特点，"理论知识够用，强化动手能力"是本书的编写原则。

"网络设备管理与维护"是职业院校网络技术专业学生必修的一门专业课，实践性非常强，动手实践是学好这门课程最好的方法之一。本书采用的华为 eNSP 模拟器，可以很好地模拟多种网络环境和设备，学习者在自己的计算机上就可以形象、直观地模拟真实的网络环境，能快速地学习和掌握网络方面的相关知识，从而突破了学习网络技术需要昂贵设备的局限性。

本书在编写过程中坚持"科技是第一生产力、人才是第一资源、创新是第一动力"的思想理念，内容安排以基础性和实践性为重点。本书以最新的华为 eNSP 模拟器为平台，采用"项目—任务—训练"的结构体系，把交换机的配置、路由器的配置、网络的安全配置、无线网络的配置及综合实训等内容串联起来，通过一个个训练让学生掌握相关知识和技能。每个训练又分为"训练描述""训练要求""训练步骤""训练小结"的结构。书中的项目是在工作现场需求与实践应用中总结归纳出来的。本书坚持问题导向，旨在培养学生完成工作任务及解决实际问题的技能；以典型案例作为载体来帮助学习者更好地学习网络的拓扑搭建、基本操作、网络互连和故障排除等知识技能；训练安排由简单到复杂，由单一到综合。

为本书的编写及献计献策的人员来自多所国家示范校和省级示范校。部分编写人员曾连续多年承担全国职业院校计算机技能大赛"企业网搭建及应用"项目参赛队员的培训工作，近年来所培养的选手曾多次获得全国职业院校技能大赛中职组网络搭建与应用项目一等奖，且在计算机网络教学和教材编写中具有丰富的经验。本书的编写还得益于校企合作开发及产教融合人才培养方式。广东飞企互联科技股份有限公司任佩亚提供了鼎力支持，在与教师共同编写的过程中，提供了企业真实案例，使得实践项目能够融入教学课堂，教材内容能够结合当前行业前沿技术，让学生及早获得企业需要的职业素养。本书由罗忠、张文库、黄国平担任主编，由古君彬、郑云辉、任佩亚担任副主编。各项目编写分工具体如下：项目一（罗忠），项目二（张文库、罗文剑），项目三（冷静、戴文静、郑云辉），项目四（黄国平），项目五（冯杨洋、任佩亚），项目六（古君彬）。本书所有操作视频由郑云辉录制。

为了方便教学，本书配有电子教学参考资料包，包括素材文件、教学课件、操作视频和完整配置代码等，读者可扫码学习或登录 http://www.abook.cn 免费下载使用。

由于编者水平有限，加之计算机网络技术发展日新月异，书中难免存在疏漏之处，敬请读者不吝赐教。

第一版前言

　　"做中学，做中教"已成为职业教育改革的主导理念，其影响的广度和深度远远超越了我国历次职业教育课程改革。这场改革的形成，主要原因还是源于职业学校自身发展的需要，源于职业学校自身强烈的改革意愿。

　　"网络设备管理与维护"是职业学校网络技术专业学生必修的一门专业课，实践性非常强，动手实践是学好这门课程最好的方法之一。但由于网络设备昂贵，网络环境难以搭建，学生动手实践的机会相对比较少，因此，本书引用了 Cisco Packet Tracer 5.3 模拟器来解决这个矛盾。该模拟器可以很好地模拟多种网络环境和设备，使学生有一个方便而相对真实的实践环境。建议在学习"网络设备管理与维护"课程时，除选择《网络设备管理与维护》理实一体化主教材外，再增加本书作为实训辅导教材，以增加学生的实训机会。

　　本书以 Cisco Packet Tracer 5.3 模拟器为平台，采用"项目—任务—训练"的结构体系，把交换机的配置、路由器的配置、网络安全的配置、语音与无线网络的配置及综合实训等内容，通过一个个训练让学生掌握相关知识和技能。每个训练又细分为"训练描述—训练要求—训练步骤—训练测试—训练小结"的结构，有些任务中还安排了有益的"训练拓展"内容。书中的项目是根据工作现场需求与实践应用引入的，旨在培养学生完成工作任务及解决实际问题的技能。全部项目紧密跟踪先进技术，与真实的工作过程相一致，完全符合企业需求，贴近生产实际。

　　本书参与编写及献计献策的人员来自多所国家重点职校：中山市建斌中等职业技术学校（肖学华、罗文剑、邬建彬）、东莞市长安职业高级中学（吴宇、郑华、何裕）、佛山市顺德区胡锦超职业技术学校（张治平）、珠海市第一职业技术学校（彭家龙）、肇庆市工业贸易学校（李怀鑫）、东莞职业技术学院（谢淑明）、中山市港口理工学校（洪键光）、中山市小榄镇建斌中等职业技术学校（郭旭辉）。部分编委曾连续多年担任全国职业院校技能大赛"企业网搭建"和"园区网组建"项目参赛队员的培训工作，近年来所培养的选手曾多次获得全国职业院校技能大赛网络搭建及应用项目金奖，在计算机网络教学和教材编写中具有丰富的经验。本书由肖学华担任主编，罗文剑、吴宇担任副主编。各项目编写分工如下：项目一、项目二、项目三（罗文剑、肖学华），项目四、项目五（吴宇、郑华、何裕），项目六（罗文剑、吴宇、邬建彬）。

本书可供计算机网络技术专业或相关专业的学生作为教材使用，也可供计算机网络技能比赛训练及广大工程技术人员自学参考，还可供参加"网络设备调试员"职业资格考试人员使用。

由于编写时间较为仓促，以及计算机网络技术发展日新月异，书中难免存在一些疏漏和不足，敬请专家和读者不吝赐教。联系邮箱：xxhua-dong@163.com。

肖学华

目　　录

项目一 eNSP 模拟器的使用

项目说明

eNSP（enterprise network simulation platform）模拟器是一款由华为技术有限公司（简称华为）自主研发的、免费的、可扩展的、图形化的网络设备仿真平台，主要对网络中的路由器、交换机、无线访问接入点等设备进行软件仿真，完美呈现真实设备的部署实景，支持大型网络模拟，让用户有机会在没有真实设备的情况下能够模拟演练、学习网络技术。

本项目重点学习 eNSP 模拟器（以下简称 eNSP）的安装和基本使用方法。

知识目标

1. 认识 eNSP。
2. 掌握 eNSP 的安装方法。
3. 了解 eNSP 的各项功能。
4. 掌握运用 eNSP 搭建网络拓扑并进行实验的操作方法。

技能目标

1. 能熟练进行 eNSP 的安装。
2. 能熟练进行 eNSP 界面设置、网络设备的添加及互连。
3. 能熟练对网络设备进行基本配置。

素质目标

1. 通过使用国产软件，了解信息技术应用创新产业，树立保障国家信息安全的信念。
2. 通过了解国产软件开发事迹，培养自主创新意识、爱国情怀及担当民族复兴使命的职业理想。

思政案例一

任务一 ┃ 安装 eNSP

随着国产网络设备的日渐普及，华为网络设备的使用越来越多，学习华为网络路由知识的人也越来越多，华为公司提供的 eNSP 对初学者来说很好的模拟学习软件。

▌训练描述

eNSP 具有仿真程度高、更新及时、界面友好和操作方便等特点。eNSP 的正常使用依赖于 VirtualBox、Wireshark 和 WinPcap 这三款软件。

VirtualBox 是一款虚拟机，由于华为 eNSP 中的设备都是以虚拟机的形式存在的，因此安装 eNSP 之前需要先安装 VirtualBox。

WinPcap 是一款用于网络抓包的专业软件，可以帮助用户快速对网络上的信息包进行抓取和分析。

Wireshark 是一个网络包分析工具，该工具主要用来捕获网络数据包，并自动解析数据包，为用户显示数据包的详细信息，以供用户对数据包进行分析。

本训练重点介绍 eNSP 的安装。

▌训练要求

安装 eNSP

（1）准备相关的安装文件，登录华为的企业业务网站进行下载。

（2）在安装 eNSP 前，需要先安装 WinPcap、Wireshark 和 VirtualBox 软件，并且这些软件要安装在英文目录下，不要带有中文字符，否则会影响其部分功能的使用。使用默认安装方式安装这三个软件程序包即可，安装完成后再安装 eNSP。

🔲 训练步骤

01 安装 VirtualBox 软件。

（1）双击 VirtualBox5.2.22 安装文件，进入该软件的安装向导界面，如图 1.1.1 所示。

图 1.1.1　VirtualBox 安装向导界面

（2）单击"下一步"按钮，进入安装路径设置界面，如图 1.1.2 所示。在此界面中，用户可以采用软件默认的安装路径，也可以更改路径，如将默认安装路径中的 C 盘改为 D 盘，但路径需使用英文目录。

图 1.1.2　安装路径设置界面

（3）单击"下一步"按钮，进入安装功能界面选项，这里采用默认选项，单击"下一步"按钮，进入警告网络界面，如图 1.1.3 所示。

图 1.1.3　警告网络界面

（4）单击"是"按钮，进入安装界面，等待安装完成即可，如图 1.1.4 所示。

图 1.1.4　VirtualBox 安装完成

02 安装 Wireshark 软件。

（1）双击 Wireshark 3.6.3 64-bit 安装文件，进入该软件的安装向导界面，如图 1.1.5 所示。

图 1.1.5　Wireshark 安装向导界面

（2）单击 Next 按钮，进入 License Agreement 界面，单击 Noted 按钮，进入 Choose Components 界面，采用默认选项，一直单击 Next 按钮，直到进入 USB Capture 界面，如图 1.1.6 所示。

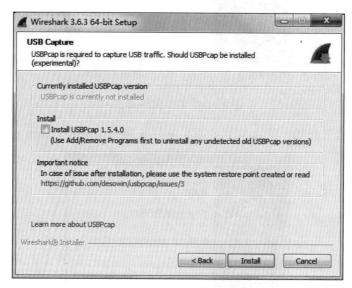

图 1.1.6　USB Capture 界面

（3）单击 Install 按钮，进入安装过程，在安装过程中会弹出另一个安装界面——Npcap 1.55 Setup，如图 1.1.7 所示。

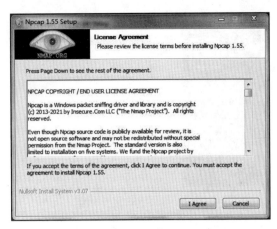

图 1.1.7　Npcap1.55 Setup 界面

（4）单击 I Agree 按钮，进入 Installation Options 界面，采用默认选项，单击 Install 按钮，进入"Windows 安全"窗口，如图 1.1.8 所示。

图 1.1.8　"Windows 安全"窗口

（5）单击"安装"按钮，进入 Installation Complete 界面，再次单击 Next 按钮，进入 Finished 界面，如图 1.1.9 所示。

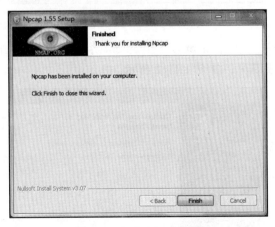

图 1.1.9　Finished 界面

（6）单击 Finish 按钮，完成 Npcap 软件的安装，重新返回 Wireshark 3.6.3 64-bit 安装界面，单击 Next 按钮，完成安装，如图 1.1.10 所示。

图 1.1.10　Wireshark 完成安装

03　安装 WinPcap。

（1）双击 WinPcap 4.1.3 安装文件，进入该软件的安装向导界面，如图 1.1.11 所示。

图 1.1.11　WinPcap 安装向导界面

（2）单击 Next 按钮，进入 License Agreement 界面，单击 I Agree 按钮，开始该软件的安装，等待安装完成即可，如图 1.1.12 所示。

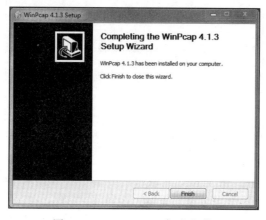

图 1.1.12　WinPcap 完成安装

04 安装 eNSP。

（1）双击 eNSP V100R003C00 安装文件，进入选择安装语言界面，如图 1.1.13 所示。

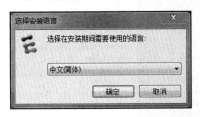

图 1.1.13　选择安装语言界面

（2）默认选择"中文（简体）"安装，单击"确定"按钮，进入 eNSP 安装向导，如图 1.1.14 所示。

图 1.1.14　eNSP 安装向导界面

（3）单击"下一步"按钮，进入许可协议界面，选中"我愿意接受此协议"单选按钮，一直单击"下一步"按钮，直到进入准备安装界面，如图 1.1.15 所示。

图 1.1.15　准备安装界面

（4）单击"安装"按钮，进入安装过程，等待安装完成即可，如图 1.1.16 所示。

图 1.1.16　eNSP 完成安装

（5）单击"完成"按钮，eNSP 软件安装完毕。

训练小结

（1）安装 eNSP 前，事先要安装好 VirtualBox、Wireshark 和 WinPcap 这三款软件。
（2）安装 eNSP 前，应关闭杀毒软件和防火墙。
（3）在安装时，安装路径不要带有中文字符。

任务二 | 使用 eNSP 搭建网络

eNSP 安装成功后，用户就可以进行网络实验了。在进行网络实验前，需要搭建好实验的网络拓扑结构，这就要求用户掌握如何在 eNSP 中添加网络设备，以及如何对网络设备进行互连。通过搭建网络实验的过程，可以快速掌握 eNSP 的使用方法。

训练描述

搭建一个简单的网络，使用一台交换机连接两台计算机，再用一台路由器连接这台交换机。本训练所需搭建的网络拓扑结构如图 1.2.1 所示。

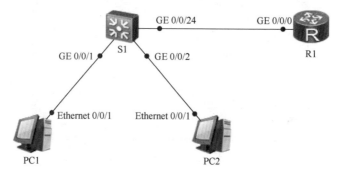

图 1.2.1　基于交换机、路由器的网络拓扑结构图

本训练重点学习网络设备的添加与连线。

■ 训练要求

（1）按照表 1.2.1 添加相应的网络设备并更改对应的标签名。

表 1.2.1　网络设备

设备类型	数量/台	标签名
路由器	1	R1
S5700 三层交换机	1	S1
PC	2	PC1 和 PC2

（2）使用正确的线缆连接网络设备的相应端口，设备名称及端口详见表 1.2.2。

表 1.2.2　设备名称及端口

设备名称及端口	对端设备名称及端口
R1：GE 0/0/0	S1：GE 0/0/24
PC1：Ethernet 0/0/1	S1：GE 0/0/1
PC2：Ethernet 0/0/1	S1：GE 0/0/2

使用 eNSP
搭建网络

□ 训练步骤

01 启动 eNSP，其界面如图 1.2.2 所示。该界面中的①～⑤区域介绍如下。

图 1.2.2　eNSP 界面

① 主菜单：包括文件、编辑、视图、工具、帮助等，每项下对应相应的子菜单，以提供模拟器各项主要功能。

② 工具栏：提供常用的工具，如新建拓扑、保存拓扑等。

③ 网络设备区：提供网络设备和网线，用于工作区。

④ 引导区：快速新建或打开拓扑图。关闭引导区后，引导区的位置就变成了工作区。工作区用于创建网络拓扑结构。

⑤ 设备接口区：显示拓扑中的网络设备和设备已连接的接口。

02 添加网络设备并更改标签名称。

（1）通过引导区的"新建拓扑"按钮，快速创建新的拓扑，或者通过工具栏中第一个快捷工具，还可以通过快捷键 Ctrl+N 组合键，进入工作区界面。

（2）在网络设备区，首先单击第一行最左边的路由器设备，选择 1 台路由器，将设备拖至工作区；然后单击第一行第二个交换机设备，选择 1 台型号为 S5700 的交换机，将设备拖至工作区；最后单击第二行第一个终端设备，选择 1 台 PC，将设备拖至工作区。使用相同的方法，再添加 1 台 PC 至工作区，并按图 1.2.1 将各设备摆放到工作区对应的位置上，如图 1.2.3 所示。

图 1.2.3　添加网络设备

（3）在工作区可以看到每个设备都有一个标签名，单击该标签名进入标签的编辑状态，可以进行标签名的修改，如将 LSW1 改为 S1。

03 认识网络设备连接的线缆。

当添加网络设备时，每个设备都是独立的，要进行网络配置实验，还要进行设备的连线。在 eNSP 中，对设备的连线要求非常严格，不同的设备、不同的接口之间需要采用不同的线缆进行连接，否则不能通过。

当在网络设备区选择线缆时，可以看到有很多不同的线缆类型，如图 1.2.4 所示。

图 1.2.4 线缆类型

◆ Auto：自动识别接口卡选择相应的线缆，可通用，一般不建议使用。

◆ Copper：双绞线，用来连接设备的以太网和千兆以太网接口，如计算机与交换机、交换机与交换机、交换机与路由器的以太网相连。

◆ Serial：串口线，用来连接设备的串口，主要用于路由器广域网接入。

◆ POS：POS 连接线，用来连接设备的 POS 接口。POS（packet over SONET/SDH）是一种在 SONET（synchronous optical network，同步光纤网）/SDH（synchronous digital hierarchy，同步数字系列）上承载 IP 和其他数据包的传输技术。

◆ E1：E1 接口连接线，用来连接设备的 E1 接口。

◆ ATM：ATM（asynchronous transfer mode，异步转移模式）接口连接线，用来连接设备的 4G.SHDSL 接口。

◆ CTL：PC 与设备之间的串口连线。

04 设置网络设备标签。

单击工具栏中的"设置"图标 ⚙，弹出"选项"对话框，单击"界面设置"选项卡，如图 1.2.5 所示，选中"显示设备标签"和"总显示接口标签"复选框。

图 1.2.5 "界面设置"选项卡

05 使用线缆连接网络设备。

当网络设备添加好后，先选择相应的线缆，然后在要进行连接的网络设备上单击。本训练中所有的设备连接都选择"Copper"，单击 S1，在弹出的菜单中选择"GE 0/0/1"端口，然后再单击 PC1，在弹出的菜单中选择"Ethernet 0/0/1"端口，如图 1.2.6 和

图 1.2.7 所示。使用相同的方法，将其他的网络设备连接起来，如图 1.2.8 所示。

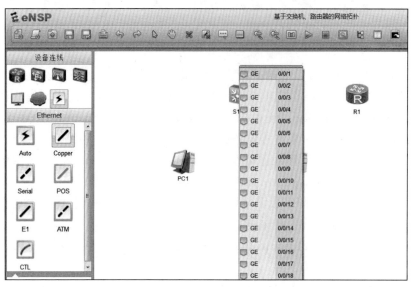

图 1.2.6　设备连线选择端口

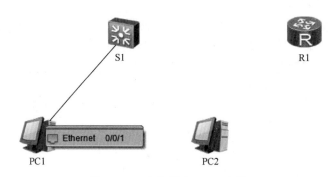

图 1.2.7　交换机与 PC1 连线

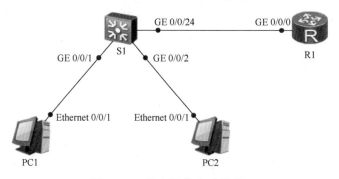

图 1.2.8　所有设备完成连接

注意：本训练中所有设备连接完成后，其网络拓扑结构应与图 1.2.1 一样。

06 添加注释。

使用工具栏中的"文本"图标，在工作区单击之后直接输入注释文字，将 PC1 注释为"销售部"，将 PC2 注释为"技术部"，并将注释文字背景颜色改为白色（方法：右击"销售部"或"技术部"文本，在弹出的快捷菜单中选择"改变背景颜色"命令，在弹出的"颜色"窗口中选择"白色"选项)，如图 1.2.9 所示。

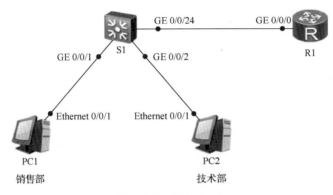

图 1.2.9　添加注释

07 删除操作。

使用工具栏中的"删除"图标，可以删除添加好的网络设备、线缆、注释等，其操作方法非常简单。选中要删除的网络设备、线缆、注释，单击"删除"图标，之后就会弹出"确认"对话框，如图 1.2.10 所示，单击"是"按钮，即可完成删除操作。

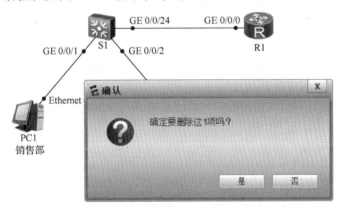

图 1.2.10　删除网络设备、线缆、注释

08 开启设备。

选中所有设备，单击工具栏中的"开启设备"图标，或者逐一右击设备，在弹出的快捷菜单中选择"开启"命令，开启后线缆会由原来的红点变成绿点，代表设备已开启工作。

09 eNSP 的选项设置。

在 eNSP 的主界面中选择"菜单"→"工具"→"选项"选项，或者单击工具栏中的"设置"图标，在弹出的界面中设置软件的相关参数，如图 1.2.11 所示。

图 1.2.11 "选项"设置界面

◆ 在"界面设置"选项卡中，可以设置拓扑中的元素显示效果，比如是否显示设备标签和型号、是否显示背景。在"工作区域大小"区域中可设置工作区的宽度和长度。

◆ 在"CLI 设置"选项卡中，可以设置命令行中信息的保存方式。当选中"记录日志"单选按钮时，可设置命令行的显示行数和保存位置。当命令行界面内容的行数超过"显示行数"中的设置值时，系统将把超过行数的内容自动保存到"保存路径"中指定的位置。

◆ 在"字体设置"选项卡中，可以设置命令行界面和拓扑描述框的字体、字体颜色、背景颜色等参数。

◆ 在"服务器设置"选项卡中，可以设置本地服务器和远程服务器的参数，详细信息请参考分布式部署。

◆ 在"工具设置"选项卡中，可以指定"引用工具"的具体路径。

训练小结

（1）添加网络设备时，应注意网络设备的型号，特别是对于交换机而言，不同型号的交换机，其功能会有很大区别。

（2）不同的网络设备之间，不同类型的接口使用的连接线缆有很大不同。因此，在进行网络设备连接时，一定要注意选择正确的线缆。

（3）连接网络时，要根据网络连接要求准确地连接各个网络设备的端口。

任务三 | 使用 eNSP 配置网络

在进行网络实验前，需要掌握网络设备的一些基本配置，如 PC 的 IP 地址设置、设备更改标签名、路由器添加模块等。只有掌握这些基本配置操作，才能顺利进行后续的实验配置。本训练重点掌握 eNSP 中网络设备的基本配置方法。

训练描述

搭建一个网络，使用两台 PC、一台交换机（S5700）、两台路由器（AR1220）进行互连。本训练的网络拓扑结构图如图 1.3.1 所示。

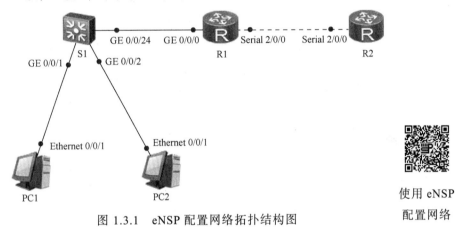

使用 eNSP
配置网络

图 1.3.1　eNSP 配置网络拓扑结构图

训练要求

通过本训练，读者能对 PC 的 IP 地址进行配置，能给路由器新增模块，能使用路由器、交换机的命令窗口对设备上的端口进行数据抓包。

训练步骤

01 配置 PC1 和 PC2 的 IP 地址。

（1）在工作区添加两台 PC 并开启设备，双击 PC1 或者右击 PC1，在弹出的快捷菜单中选择"设置"命令，弹出 PC1 的管理界面，如图 1.3.2 所示。

（2）在"基础配置"选项卡中，可以进行主机名设置、查看网卡 MAC（media access control，媒体访问控制）地址、静态 IP 地址设置、DHCP（dynamic host configuration protocol，动态主机配置协议）自动获取 IP 地址。PC1 的 IP 配置包括 IP 地址、子网掩码、网关、DNS（domain name system，域名系统）服务器等，按照图 1.3.3 中①~③顺序进行配置。使用同样的方法将 PC2 主机名设置为 PC2，分别设置 IP 地址为 192.168.1.2，子网掩码为 255.255.255.0，网关为 192.168.1.254。

图 1.3.2　PC1 的管理界面

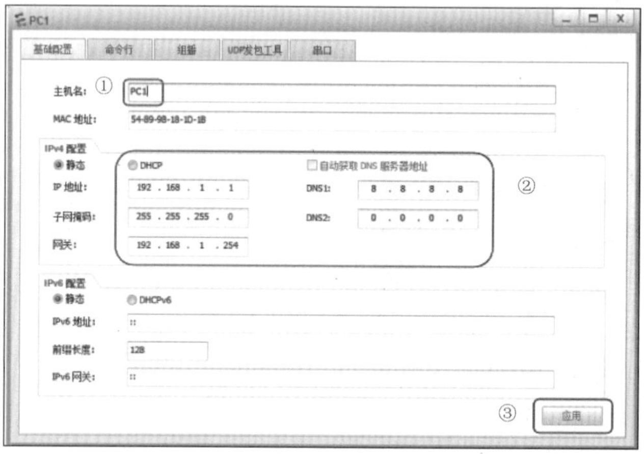

图 1.3.3　静态 IP 配置

（3）"命令行"选项卡中的命令提示符可提供 MS-DOS 命令环境，可执行 arp、ipconfig、netstat、ping、telnet 和 tracert 等网络调试和诊断命令，如图 1.3.4 所示。

图 1.3.4　常用网络命令

（4）"组播""UDP 发包工具""串口"选项卡不常用，此处不再介绍。

02 添加并管理路由器。

（1）在工作区中添加两台型号为 AR1220 的路由器，使两台路由器之间采用串口连接，AR1220 路由器默认不带串口（Serial 端），需要手动添加串口模块。选中其中一个路由器并右击，在弹出的快捷菜单中选择"设置"命令，弹出路由器管理界面，如图 1.3.5 所示。

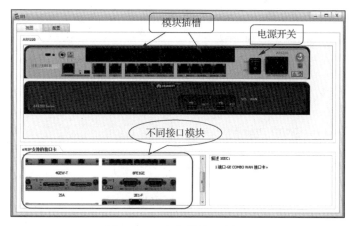

图 1.3.5　路由器管理界面

（2）在"视图"选项卡中路由器可以添加许多模块，在"eNSP 支持的接口卡"区域中有很多接口模块，如需添加串口模块，可以使用鼠标左键按住"eNSP 支持的接口卡"区域中的"2SA"模块不放，拖到模块插槽中即可，如图 1.3.6 所示。用同样的方法给另外一台路由器添加"2SA"模块，在"网络设备区"选择设备连线中的串口线将两台路由器采用 Serial 2/0/0 连接起来。

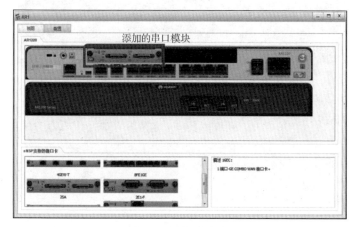

图 1.3.6　添加串口模块

（3）删除模块的方法与添加模块的方法类似，即把添加好的模块从模块插槽中拖到"eNSP 支持的接口卡"区域即可。注意：只有在网络设备电源关闭的情况下才能进行添加或删除接口卡的操作。

（4）在"配置"选项卡中可以设置设备的串口号，串口号范围为 2000～65535，默认情况下从起始数字 2000 开始使用，可以自行更改串口号并单击"应用"按钮生效。

03 进入路由器、交换机命令窗口。

（1）进入配置模式前，需要先开启设备，所有设备开启后，拓扑图中原来端口处的红色点会慢慢变成绿色，如图 1.3.7 所示。

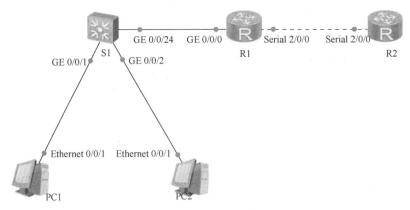

图 1.3.7　网络设备正常工作

（2）分别双击交换机 S1 和路由器 R1，进入命令窗口界面，交换机和路由器的命令窗口界面一样，默认的设备名都是 Huawei，如图 1.3.8 所示。后期网络实验中可以使用网络命令将设备名修改成需要的名称。

图 1.3.8　路由器命令窗口

04 打开 PC1 命令行，用 ping 命令测试与 PC2 的连通性，如图 1.3.9 所示。

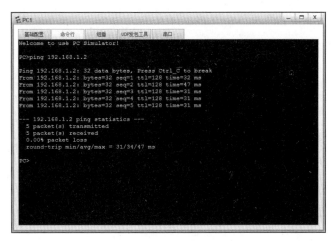

图 1.3.9　在 PC1 上用 ping 命令测试与 PC2 的连通性

05　进行数据抓包。

（1）右击交换机 S1，在弹出的快捷菜单中选择"数据抓包"→"GE 0/0/1"端口，进行数据抓包，如图 1.3.10 所示。

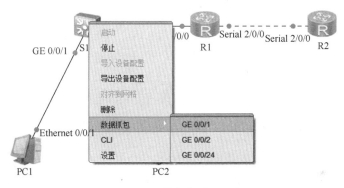

图 1.3.10　数据抓包（1）

（2）弹出抓包工具后，再次在 PC1 上用 ping 命令测试与 PC2 的连通性并进行抓包，如图 1.3.11 所示。

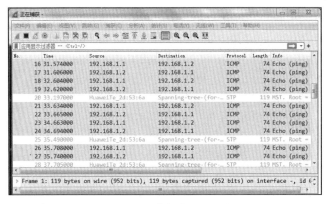

图 1.3.11　数据抓包（2）

训 练 小 结

（1）上述训练测试拓扑结构图中的 PC1 和 PC2 必须在同一个网段中，否则无法进行通信。

（2）数据抓包时必须提前安装 Wireshark 软件。

（3）eNSP 为路由器提供了许多模块，使训练内容更加丰富。

兴 趣 拓 展

eNSP 访问 VirtualBox 虚拟机　　　　　使用 tftp 下载上传文件

项目二 | 交换机的配置

项目说明

　　交换机是一种拥有一条很高带宽的背部总线和内部交换矩阵的网络设备。交换机的所有端口都挂接在这条背部总线上，控制电路收到数据包后，处理端口会查找内存中的地址对照表以确定目的 MAC 地址（此处是指网卡的物理地址）挂接在哪个端口上，通过内部交换矩阵迅速将数据包传送到目的端口，目的 MAC 地址若不存在才广播到所有的端口，接收端口回应后交换机会"学习"新的地址，并把它添加到内部的 MAC 地址表中。

　　交换机有多种级别的分类，一般可分为二层交换机和三层交换机。二层交换机属于数据链路层设备，可以识别数据包中的 MAC 地址信息，根据 MAC 地址进行转发，并将这些 MAC 地址与对应的端口记录在内部的一个地址表中。三层交换机最重要的功能是加快大型局域网内部的数据转发速度，并且加入了路由转发功能。

　　本项目的重点是学习交换机的配置，要求学生能熟练进行交换机的配置操作。

知识目标

　　1．熟悉交换机的各种配置模式。

　　2．了解交换机的工作原理。

　　3．理解虚拟局域网（virtual local are network，VLAN）的作用和特点。

　　4．了解交换机远程管理的作用。

5．理解链路聚合的作用。

6．理解交换机生成树的原理和作用。

7．理解 DHCP 技术的原理和作用。

8．理解虚拟路由器冗余协议（virtual router vedundancy protocal，VRVP）的原理和作用。

技能目标

1．能熟练配置交换机的各项网络参数及端口状态。

2．能熟练配置交换机的 Telent 管理和 SSH（secure shell，安全外壳协议）管理。

3．能够学会交换机 VLAN 的划分方法。

4．能够学会配置交换机间相同 VLAN 通信的方法。

5．能够利用三层交换机实现不同 VLAN 通信的方法。

6．能熟练配置交换机的链路聚合技术。

7．能熟练配置生成树及快速生成树。

8．能熟练配置交换机的 DHCP 技术。

9．能熟练配置交换机的 VRRP 技术。

素质目标

1．了解国产操作系统，理解"自主、可控"对于我国的重大意义，激发科技报国的家国情怀和使命担当。

2．通过网络攻击案例，使学生深刻认识到操作系统国产的重要性，以及为信息安全和国产操作系统的发展贡献自己的力量。

思政案例二

任务一 | 交换机的基本配置

交换机的基本配置主要包括各种视图模式的配置、交换机的基本配置、远程管理和端口配置等。本任务分成以下三个训练进行学习。

训练 1 交换机的各种视图模式。

训练 2 交换机的基本配置。

训练 3 交换机的端口配置。

训 练 1 交换机的各种视图模式

训练描述

交换机的视图模式很多，主要包括用户视图、系统视图、端口视图和 VLAN 视图等。熟练进行各种视图模式的进入与切换，了解各种视图模式下的配置命令，为以后的学习打下良好的基础。

训练要求

交换机的各种
视图模式

（1）在工作区添加一台交换机，使用交换机管理的命令行界面进行操作。

（2）了解交换机的各种视图模式。

（3）掌握各种视图模式之间的切换方法。

（4）掌握通用路由平台（versatile routing platform，VRP）的基本操作命令。

训练步骤

01 查看用户视图下的基本命令。

当进入交换机的命令行界面时，按键盘上的 Enter 键即可进入交换机的用户视图。在用户视图下可以简单地查看交换机的软硬件版本信息，并进行简单的测试。

用户视图的提示符为"< >"，在该视图下可用的命令较少，可以使用"？"命令查看该视图下的所有命令：

```
<Huawei>?
User view commands:
  cd                    Change current directory
  check                 Check information
  clear                 Clear information
  clock                 Specify the system clock
  cluster               Run cluster command
  cluster-ftp           FTP command of cluster
```

```
compare               Compare function
configuration         Configuration interlock
copy                  Copy from one file to another
debugging             Enable system debugging functions
delete                Delete a file
dir                   List files on a file system
display               Display current system information
fixdisk               Recover lost chains in storage device
format                Format the device
ftp                   Establish an FTP connection
--More--
```

02 查看系统视图下的基本命令。

系统视图下可对交换机的配置文件进行管理，查看交换机的配置信息，进行网络的测试和调试等。在用户视图下，使用 system-view 命令进入系统视图。系统视图的提示符为"[ ]"。可使用"？"命令查看该视图下的所有命令：

```
<Huawei>system-view
Enter system view, return user view with Ctrl+Z.
[Huawei]?
System view commands:
  aaa                   AAA
  acl                   Specify ACL configuration information
  alarm                 Enter the alarm view
  anti-attack           Specify anti-attack configurations
  application-apperceive Set application-apperceive information
  arp                   ARP module
  arp-miss              Specify ARP MISS configuration
                        information
  arp-suppress          Specify arp suppress configuration
                        information,default is disabled
  authentication        Authentication
  autoconfig            AutoConfig configuration information
  bfd                   Specify BFD(Bidirectional Forwarding
                        Detection)  configuration information
  bgp                   Border Gateway Protocol(BGP)
  bootrom               BootRom
  bpdu                  BPDU message
  btv                   Btv view
  bulk-file             Specify the file name of bulk statistics
  bulk-stat             Set bulk statistics
  capture-packet        Capture-packet
  ccc                   Circuit cross connection
  cfm                   Connectivity fault management
  clear                 Cancel current configuration
  cluster               Specify the information for cluster configuration
---- More ----
```

03 查看端口视图下的基本命令。

端口视图下可以对交换机的端口进行参数配置。一般交换机都拥有许多端口，还可以添加不同的模块。默认情况下，交换机的所有端口都为以太网端口类型。可以使用 interface Ethernet 0/0/1 命令进入端口视图。其中，interface 为进入端口的命令；Ethernet 表示以太网；0/0/1 表示端口编号。可使用"？"命令查看端口视图下的所有命令：

```
[Huawei]interface Ethernet 0/0/1
[Huawei-Ethernet0/0/1]?
ethernet-12 interface view commands:
  am                         Port isolate
  arp                        Specify ARP configuration information
  arp-limit                  Limit the number of learnt ARP
  arp-miss                   Specify ARP MISS configuration information
  authentication             Authentication
  auto                       Auto negotiates port mode
  bpdu                       BPDU message
  broadcast-suppression      Set broadcast flow suppression
  carrier                    Set carrier function
  cfm                        Connectivity fault management, which is
                             defined in
                             the IEEE 802.1ag
  closephycheck              Close physics check for this interface
  configuration              Configuration interlock
  dei                        Specify dei as drop precedence
  description                Specify interface description
  dhcp                       Dynamic host configure protocol
  dhcpv6                     Dynamic host configure protocol version 6
  display                    Display current system information
  dldp                       Device link detection protocol
  dot1x                      802.1x configuration information
  duplex                     Configure duplex operation mode
  efm                        Operation, Administration and Maintenance
                             (OAM) in
                             the First Mile of Ethernet (EFM), which is
                             defined in the 802.3ah
  ---- More ----
```

04 进行视图模式之间的切换。

交换机各视图模式之间的切换可以通过 quit 命令和 return 命令完成，具体操作代码如下：

```
<Huawei>system-view                    //进入系统视图
[Huawei]interface Ethernet 0/0/1       //进入端口视图
[Huawei-Ethernet0/0/1]quit             //返回上一级视图
[Huawei]return                         //直接返回用户视图
<Huawei>
```

▊ 训练小结 ▊

（1）交换机的各个视图模式之间有层次关系，每一个视图下均有许多不同的命令，用于完成不同的配置。

（2）使用 quit 命令可返回上一级视图。

（3）使用 return 命令可直接返回用户视图。

训 练 2 交换机的基本配置

▊ 训练描述

对于新的交换机，一般要进行基本设置。交换机的基本配置主要包括交换机的设备命名、时间设置、密码设置、IP 地址配置、远程管理配置等。本训练的网络拓扑结构图如图 2.1.1 所示。

PC1 ——Ethernet 0/0/1——Ethernet 0/0/1—— S1

图 2.1.1 交换机的基本配置网络拓扑结构图

▊ 训练要求

交换机的基本
配置

（1）开启所有交换机的设备电源。

（2）设置交换机的名称为 S1。

（3）设置交换机的系统时间为 2023 年 3 月 5 日中午 12 时整。

（4）设置交换机的 Console 口的认证方式为 AAA，用户为 admin，密码为 888888。

（5）设置交换机取消干扰信息、永不超时的配置。

（6）撤销交换机配置时弹出的信息。

（7）配置交换机 VLAN1 端口的 IP 地址为 192.168.1.254/24。

（8）设置交换机的 SSH 远程管理，用户名为 admin，管理密码为 123456。

（9）保存交换机的配置文件。

▊ 训练步骤

01 为交换机设备命名。

单击交换机的图标，进入交换机的命令行配置界面。交换机的命名是在系统视图下使用 sysname 命令进行设置的，具体实施过程如下：

```
<Huawei>system-view
[Huawei]sysname S1                         //交换机改名为 S1
[S1]                                        //交换机重命名成功
```

02 设置交换机的系统时间。

交换机的系统时间设置是在用户视图下进行的,为了保证网络与其他设备协调工作,需要准确设置系统时间。使用 clock timezone 命令设置所在时区,使用 clock datetime 命令设置当前时间和日期。

```
<S1>clock timezone BJ add 08:00:00         //所在时区为北京
<S1>clock datetime 12:00:00 2023-03-05
                   //设置系统时间和日期为 2023 年 03 月 05 日 12 时
```

设置好系统时间后,可以使用 display clock 命令查看时间。

```
<S1>display clock                          //查看系统时间
2023-03-05  12:00:05
Sunday
Time Zone(CST): UTC+08:00
```

03 交换机 Console 口的密码设置。

以登录用户界面的认证方式为 AAA 认证,用户名为 admin,密码为 888888 为例,具体配置如下。

```
<S1>system-view
[S1]user-interface console 0
[S1-ui-console0]authentication-mode aaa
[S1-ui-console0]quit
[S1]aaa
[S1-aaa]local-user admin password simple 888888
[S1-aaa]local-user admin service-type terminal
[S1-aaa]return
<S1>quit
//进行测试
Username:admin                  //输入用户名 admin
Password:                       //输入密码,输入密码时不会显示任何内容
<S1>
```

04 取消干扰信息、永不超时的配置。

```
<S1>undo terminal monitor                  //取消干扰信息
Info: Current terminal monitor is off.
<S1>system-view
[S1]user-interface console 0
[S1-ui-console0]idle-timeout 0             //设置永不超时
[S1-ui-console0]quit
```

05 撤销交换机配置时弹出的信息。

```
[S1]undo info-center enable              //撤销配置时弹出的信息
Info: Information center is disabled.
```

06 配置交换机端口的 IP 地址。

交换机端口 IP 地址的配置是在系统视图下进行的。不管是三层交换机还是二层交换机，在默认情况下都有一个 VLAN1 的端口，要配置交换机的端口 IP 地址，可以直接对 VLAN1 进行 IP 地址设置，具体实施过程如下：

```
S1>system-view
[S1]int Vlanif 1                              //进入VLAN配置模式
[S1-Vlanif1]ip add 192.168.1.254 255.255.255.0   //配置 IP 地址
[S1-Vlanif1]undo shutdown                     //开启 VLAN
```

07 设置交换机的 SSH 远程管理。

（1）开启 SSH 服务。

```
[S1]stelnet server enable
```

（2）配置远程管理 IP 地址。

```
[S1]int vlanif 1
[S1-Vlanif1]ip add 192.168.1.254 24
```

（3）在 S1 上使用 rsa local-key-pair create 命令生成本地 RSA 主机密钥对。

```
[S1]rsa local-key-pair create
The key name will be: S1_Host
The range of public key size is (512 ~ 2048).
NOTES: If the key modulus is greater than 512,
       it will take a few minutes.
Input the bits in the modulus[default=512]:512
Generating keys...
..+++++++++++
.....++++++++++
..++++++++
.................++++++++
```

（4）配置 SSH 用户登录界面。设置用户验证方式为 AAA 授权验证方式，用户名为 admin，密码为 123456。

```
[S1]aaa
[S1-aaa]local-user admin password cipher 123456 privilege level 2
[S1-aaa]local-user admin service-type ssh //本地用户的接入类型为 SSH
[S1-aaa]quit
[S1]ssh user admin authentication-type password
[S1]ssh user admin service-type stelnet
[S1]user-interface vty 0 4
[S1-ui-vty0-4]authentication-mode aaa
[S1-ui-vty0-4]protocol inbound ssh//只支持 SSH 协议，禁止 Telnet 功能
[S1-ui-vty0-4]idle-timeout 15                    //断连时间为 15 分钟
```

```
[S1-ui-vty0-4]quit
```

（5）配置 PC1 的 IP 地址。

由于 eNSP 软件自带 PC 没有 Telnet 客户端，因此使用交换机模拟 PC。设置 PC1 的 IP 地址为 192.168.1.1/24。

```
<Huawei>system-view
[Huawei]sysname PC1
[PC1]int vlanif 1
[PC1-Vlanif1]ip add 192.168.1.1 24
[PC1-Vlanif1]
```

（6）开启 SSH 用户端首次认证功能。

```
[PC1]ssh client first-time enable
```

08 保存交换机的配置文件。

完成以上配置后，所有的配置信息就会存储在交换机的缓存中，如果不保存，交换机重启后，配置信息会丢失，并恢复为默认设置。为了避免这种情况发生，在配置完成后要执行相应的保存操作。交换机的保存命令为 save，是在用户视图下完成的，具体实现如下：

```
<S1>save                                            //执行保存命令
The current configuration will be written to the device.
Are you sure to continue?[Y/N]y                     //输入 y
Info: Please input the file name ( *.cfg, *.zip ) [vrpcfg.zip]:
May 28 2020 11:40:36-08:00 Huawei %%01CFM/4/SAVE(l)[50]:The user
chose Y when deciding whether to save the configuration to the device.
Now saving the current configuration to the slot 0.
Save the configuration successfully.               //保存成功
```

09 在 PC1 上，使用 stelnet 192.168.1.254 进行登录测试，如图 2.1.2 所示。

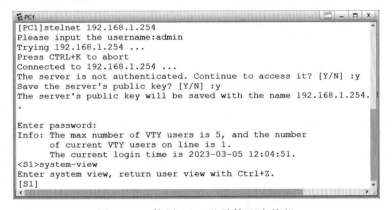

图 2.1.2　使用 SSH 登录管理交换机

10 查看交换机的配置文件。

可以在系统视图下使用 display current-configuration 命令查看交换机的配置文件。下面是本训练的所有配置信息。

```
[S1]display current-configuration
#
sysname S1                            //为交换机命名
#
undo info-center enable
#
cluster enable
ntdp enable
ndp enable
#
drop illegal-mac alarm
#
diffserv domain default
#
drop-profile default
#
aaa
 authentication-scheme default
 authorization-scheme default
 accounting-scheme default
 domain default
 domain default_admin
 local-user admin password cipher %NS[+B0ZNI]NZPO3JBXBHA!!
 local-user admin privilege level 2
 local-user admin service-type ssh
#
interface Vlanif1                     //配置 VLAN1 端口的 IP 地址
 ip address 192.168.1.254 255.255.255.0
#
interface MEth0/0/1
#
interface Ethernet0/0/1               //交换机的端口信息，此处忽略
#
……
interface GigabitEthernet0/0/2
#
interface NULL0
#
stelnet server enable                 //开启 SSH 服务
ssh user admin
ssh user admin authentication-type password
ssh user admin service-type stelnet
#
user-interface con 0                  //配置 Console 口的密码
 authentication-mode aaa
 idle-timeout 0 0
```

```
user-interface vty 0 4              //配置SSH访问
 authentication-mode aaa
 idle-timeout 15 0
 protocol inbound ssh
#
return
```

训练小结

（1）交换机的命名是在系统视图下使用 sysname 命令完成的。
（2）二层交换机的端口 IP 通过配置 VLAN 的 IP 进行设置。

训练3 交换机的端口配置

训练描述

交换机是基于端口运行和工作的网络设备。通常，交换机有许多端口，有些端口用来接入公网，有些端口用来接入内网计算机。交换机端口配置主要包括端口模式设置、MAC 地址表管理、端口安全、端口带宽限制等。本训练重点掌握交换机的端口配置，可使用如图 2.1.1 所示的网络拓扑结构。

训练要求

交换机的
端口配置

（1）开启所有交换机的设备电源。
（2）设置 Ethernet 0/0/1 端口模式为 Access，Ethernet 0/0/2 端口模式为 Trunk。
（3）设置 Ethernet 0/0/3 端口的端口安全功能，最大 MAC 地址数为 4 个。
（4）设置 Ethernet 0/0/4 和 Ethernet 0/0/5 端口绑定固定的 MAC 地址。
（5）设置 Ethernet 0/0/6 端口的带宽为 100Mb/s。
（6）配置交换机端口双工模式。

训练步骤

01 配置交换机的端口模式。

交换机的端口有两种模式，分别为 Access（普通模式）和 Trunk（中继模式）。Access 模式下，端口用于连接计算机；Trunk 模式下，端口用于交换机间的连接。如果交换机划分了多个 VLAN，那么 Access 模式下的端口只能在某个 VLAN 中通信，而 Trunk 模式下的端口则可以属于任何一个 VLAN 中。

端口模式的配置命令如下：

```
[S1]interface Ethernet 0/0/1              //进入端口视图
[S1-Ethernet0/0/1]port link-type access   //设置端口模式为 Access
[S1-Ethernet0/0/1]quit
[S1]interface Ethernet 0/0/2
[S1-Ethernet0/0/2]port link-type trunk    //设置端口模式为 Trunk
[S1-Ethernet0/0/2]quit
```

02 配置端口安全。

（1）设置端口的安全：

```
[S1]interface Ethernet 0/0/3              //进入端口视图
[S1-Ethernet0/0/3]port-security enable     //打开端口安全功能
[S1-Ethernet0/0/3]port-security max-mac-num 4
                       //限制安全 MAC 地址最大数量为 4 个，默认为 1 个
[S1-Ethernet0/0/3]port-security protect-action ?
                       //配置其他非安全 MAC 地址数据帧的处理动作
Protect: Discard packets                  //丢弃，不产生警告信息
Restrict: Discard packets and warning     //丢弃，产生警告信息（默认的）
Shutdown:  Shutdown                       //丢弃，并将端口关闭
[S1-Ethernet0/0/3]port-security protect-action shutdown
[S1-Ethernet0/0/3]port-security aging-time 300
                       //配置安全 MAC 地址的老化时间为 300s，默认不老化
```

（2）设置端口与 MAC 地址的绑定：

```
[S1]interface Ethernet 0/0/4
[S1-Ethernet0/0/4]port-security enable               //开启端口安全功能
[SWA-Ethernet0/0/4]port-security mac-address sticky //配置 Sticky 模式
[S1-Ethernet0/0/4]port-security mac-address sticky 5489-98DB-6FBC
vlan 1                  //VLAN1 与 PC1 的 MAC 地址进行绑定
```

（3）使用 MAC 地址表设置端口与 MAC 地址的绑定：

```
[S1]mac-address static 5489-98f6-585a Ethernet 0/0/5 vlan 1
[S1]display mac-address
MAC address table of slot 0:
MAC Address     VLAN/      PEVLAN CEVLAN Port     Type     LSP/LSR-ID
                VSI/SI                                      MAC-Tunnel
-------------------------------------------------------------------------
5489-9865-74db 1          -      -      Eth0/0/1  static   -
-------------------------------------------------------------------------
Total matching items on slot 0 displayed=1
```

03 配置端口带宽限制。

对交换机的端口可以进行带宽限制，一般有 10Mb/s、100Mb/s 和自适应（auto）三种。配置的方法很简单，使用 speed 命令即可实现。

```
[SWA]interface Ethernet 0/0/6              //进入端口视图
```

```
[S1-Ethernet0/0/6]speed ?
    10   10M port speed mode
    100  100M port speed mode
[S1-Ethernet0/0/6]undo  negotiation auto  //关闭自协商功能
[S1-Ethernet0/0/6]speed 10               //配置端口带宽为10Mb/s
[S1-Ethernet0/0/6]quit
```

提示：先通过 undo negotiation auto 命令关闭自协商功能，再手工指定端口速率。

04 配置端口双工模式。

```
[S1]interface Ethernet 0/0/7
[S1-Ethernet0/0/7]duplex ?
    full  Full-Duplex mode
    half  Half-Duplex mode
[S1-Ethernet0/0/7]undo negotiation auto
[S1-Ethernet0/0/7]duplex full
```

05 在系统视图下，使用 display current-configuration 命令查看配置信息。

```
[S1]display current-configuration
#
sysname S1
#
undo info-center enable
#
......
#
interface Ethernet0/0/1
 port link-type access
#
interface Ethernet0/0/2
 port link-type trunk
#
interface Ethernet0/0/3
 port-security enable
 port-security protect-action shutdown
 port-security max-mac-num 4
 port-security aging-time 300
#
interface Ethernet0/0/4
 port-security enable
 port-security mac-address sticky
#
interface Ethernet0/0/5
#
interface Ethernet0/0/6
 undo negotiation auto
 speed 10
#
```

```
interface Ethernet0/0/7
 undo negotiation auto
......
```

▌训 练 小 结

（1）交换机的端口主要有 Access 和 Trunk 两种模式。

（2）端口可进行带宽设置，以适应不同的网络。

（3）端口安全可通过端口与 MAC 地址进行绑定实现。

▌任务二▌ 交换机的 VLAN 配置

VLAN 技术在局域网互联时得到了广泛应用。VLAN 是指一个在物理网络上根据用途、工作组、应用等来逻辑划分的局域网络，是一个广播域，与用户的物理位置没有关系。VLAN 中的网络用户通过局域网（local area network，LAN）交换机来通信。一个 VLAN 中的成员看不到另一个 VLAN 中的成员。

交换机上可设置多个 VLAN，每个 VLAN 构成独立的"逻辑交换机"，包含了分配给 VLAN 的一个或多个端口。每个逻辑交换机的工作就像一台独立的物理交换机，也能进行数据的转发、过滤、广播。但是，数据的转发、广播只能在属于同一个 VLAN 的端口上进行。VLAN 间的相互通信要用到三层设备才能实现，这在后文将介绍。

因此，划分 VLAN 是一种有效的网络监控、数据流量控制的手段，它能有效地控制网络广播风暴，提高网络的安全可靠性，还能实现不同地理位置的部门间的局域网通信，有效地节省构建网络时所需网络设备的费用。

本任务分为以下三个训练学习。

训练 1　交换机 VLAN 的划分。

训练 2　交换机间相同 VLAN 的通信。

训练 3　三层交换机的配置。

▌训 练 1▌ 交换机 VLAN 的划分

▌训练描述

每一个交换机都存在一个编号为 1 的默认 VLAN。默认情况下，交换机所有的端口都隶属这个 VLAN。因此，在没有划分其他 VLAN 时，交换机所连接的计算机设置成同网段的 IP 地址是直接连通的，这是因为它们在同一个广播域中。

交换机 VLAN 的划分是在全局配置模式下完成的，主要包括创建 VLAN、端口分配、VLAN 端口的 IP 地址设置等。交换机可以划分多个 VLAN，每个 VLAN 可以分配一个或多个端口，在同一个 VLAN 中所有端口连接的计算机设置成同网段的 IP 地址后才可实现联网。

下面用一个训练来验证交换机 VLAN 的功能，其网络拓扑结构图如图 2.2.1 所示。

IP:192.168.0.11/24
PC1
Ethernet 0/0/1
VLAN10
IP:192.168.0.12/24
Ethernet 0/0/1
PC2
IP:192.168.0.21/24
PC3
Ethernet 0/0/1
VLAN20
IP:192.168.0.22/24
Ethernet 0/0/1
PC4
S1
S3700-26C-HI
Ethernet 0/0/1
Ethernet 0/0/1
PC5
IP:192.168.0.31/24
PC6
IP:192.168.0.32/24
VLAN30

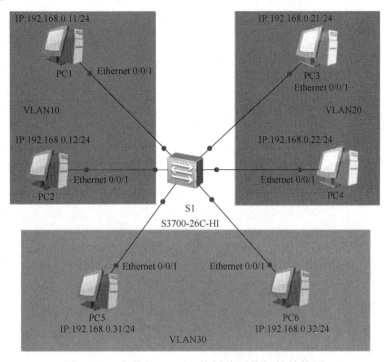

图 2.2.1　交换机 VLAN 的划分网络拓扑结构图

训练要求

按照图 2.2.1 连接好每一台计算机，并按要求配置好每台计算机的 IP 地址等信息。因为分配给每台计算机的 IP 都是 192.168.0.0/24 网段的 IP 地址，所以所有计算机之间都是相互连通的，因此可利用任何一台计算机使用 ping 命令去测试与其他计算机的连通性。图 2.2.2 所示为在 PC1 上使用 ping 命令测试与 PC4 的连通性。

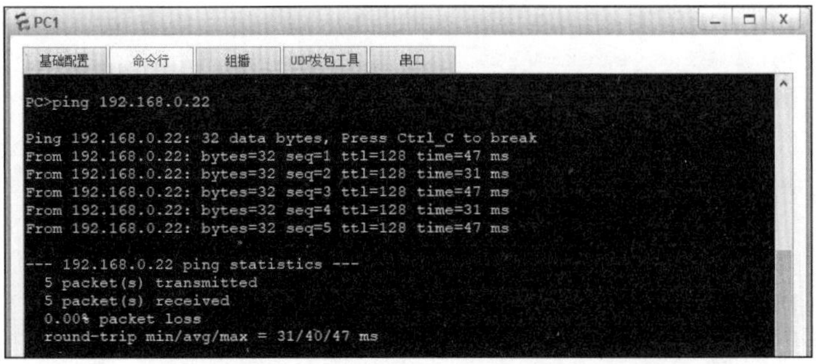

PC1
基础配置
命令行
组播
UDP发包工具
串口
PC>ping 192.168.0.22
Ping 192.168.0.22: 32 data bytes, Press Ctrl_C to break
From 192.168.0.22: bytes=32 seq=1 ttl=128 time=47 ms
From 192.168.0.22: bytes=32 seq=2 ttl=128 time=31 ms
From 192.168.0.22: bytes=32 seq=3 ttl=128 time=47 ms
From 192.168.0.22: bytes=32 seq=4 ttl=128 time=31 ms
From 192.168.0.22: bytes=32 seq=5 ttl=128 time=47 ms
--- 192.168.0.22 ping statistics ---
5 packet(s) transmitted
5 packet(s) received
0.00% packet loss
round-trip min/avg/max = 31/40/47 ms

图 2.2.2　测试 PC1 与 PC4 的连通性

使用同样的方法，可以验证其他计算机之间的连通性。最终可以得出以下结论：当前交换机上的所有计算机都是相互连通的。

（1）添加 6 台计算机，分别更改标签名为 PC1～PC6。

（2）添加一台二层交换机 S3700-26C-HI，标签名为 S1。

（3）开启所有交换机和 PC 的设备电源。

（4）交换机划分的 VLAN 及端口分配如表 2.2.1 所示。

（5）根据图 2.2.1 所示的拓扑结构图，使用直通线连接好所有计算机，并为每台计算机设置好相应的 IP 地址等信息。

表 2.2.1　交换机 VLAN 划分及端口分配情况

交换机 VLAN
的划分

VLAN 编号	VLAN 名称	端口范围	连接的计算机
10	Sales	1～4	PC1、PC2
20	Finances	5～8	PC3、PC4
30	Techs	9～12	PC5、PC6

（6）验证是否接入相同 VLAN 的计算机能相互通信，接入不同 VLAN 的计算机不能通信。

训练步骤

01 创建及删除 VLAN。

交换机 VLAN 的创建是在全局配置模式下进行的，因此要先进入全局配置模式。创建及删除 VLAN 的命令具体如下。

（1）创建 VLAN：vlan [vlan id]，如 vlan 10。

（2）删除 VLAN：undo vlan [vlan id]，如 undo vlan 10。

要同时创建 3 个 VLAN，分别为 VLAN10、VLAN20 和 VLAN30，可使用一条 vlan bath 命令实现。具体的实施过程如下：

```
[Huawei]vlan batch 10 20 30
```

对于本训练，要创建 3 个交换机 VLAN，分别为 VLAN10、VLAN20 和 VLAN30。具体的实施过程如下：

```
<Huawei>system-view              //进入系统视图
[Huawei]sysname S1               //修改主机名
[S1]vlan 10                      //创建 VLAN
[S1-vlan10]description Sales     //命名 VLAN
[S1-vlan10]quit                  //返回系统视图
[S1]vlan 20
[S1-vlan20]description Finances
[S1-vlan20]quit
[S1]vlan 30
[S1-vlan30]description Techs
[S1-vlan30]quit
```

02 分配 VLAN 端口。

刚创建好的 VLAN 是不包含任何端口的，可以在系统视图下通过 display vlan 命令查看端口的分配情况。

```
[S1]display vlan
VID Type    Ports
--------------------------------------------------------------
1 common UT:Eth0/0/1(U)    Eth0/0/2(U)    Eth0/0/3(D)    Eth0/0/4(D)
            Eth0/0/5(U)    Eth0/0/6(U)    Eth0/0/7(D)    Eth0/0/8(D)
            Eth0/0/9(U)    Eth0/0/10(U)   Eth0/0/11(D)   Eth0/0/12(D)
            Eth0/0/13(D)   Eth0/0/14(D)   Eth0/0/15(D)   Eth0/0/16(D)
            Eth0/0/17(D)   Eth0/0/18(D)   Eth0/0/19(D)   Eth0/0/20(D)
            Eth0/0/21(D)   Eth0/0/22(D)   GE0/0/1(D)     GE0/0/2(D)
10    common
20    common
30    common
VID Status  Property     MAC-LRN  Statistics Description
--------------------------------------------------------------
1     enable  default    enable   disable    VLAN 0001
10    enable  default    enable   disable    Sales
20    enable  default    enable   disable    Finances
30    enable  default    enable   disable    Techs
```

要把端口分配给相应的 VLAN，VRP 提供了两种方法：一种是逐一添加端口；另一种是分组添加端口。

（1）逐一添加端口的方法：

```
[Huawei]interface Ethernet 0/0/1              //进入端口视图
[Huawei-Ethernet0/0/1]port link-type access   //设置端口模式为Access
[Huawei-Ethernet0/0/1]port default vlan 10    //把端口分配到VLAN10中
```

（2）分组添加端口的方法：

```
[Huawei]port-group 1
[Huawei-port-group-1]group-member e0/0/1 to e0/0/4
[Huawei-port-group-1]port link-type access
[Huawei-Ethernet0/0/1]port link-type access
[Huawei-Ethernet0/0/2]port link-type access
[Huawei-Ethernet0/0/3]port link-type access
[Huawei-Ethernet0/0/4]port link-type access
[Huawei-port-group-1]port default vlan 10
[Huawei-Ethernet0/0/1]port default vlan 10
[Huawei-Ethernet0/0/2]port default vlan 10
[Huawei-Ethernet0/0/3]port default vlan 10
[Huawei-Ethernet0/0/4]port default vlan 10
```

根据训练要求，可以采用第二种方法，把端口按要求分配到相应的 VLAN 中。具体的命令操作如下：

```
[S1]port-group 1
[S1-port-group-1]group-member Ethernet 0/0/1 to Ethernet 0/0/4
[S1-port-group-1]port link-type access
[S1-Ethernet0/0/1]port link-type access
[S1-Ethernet0/0/2]port link-type access
[S1-Ethernet0/0/3]port link-type access
[S1-Ethernet0/0/4]port link-type access
[S1-port-group-1]port default vlan 10
[S1-Ethernet0/0/1]port default vlan 10
[S1-Ethernet0/0/2]port default vlan 10
[S1-Ethernet0/0/3]port default vlan 10
[S1-Ethernet0/0/4]port default vlan 10
[S1-port-group-1]quit
[S1]port-group 2
[S1-port-group-2]group-member Ethernet 0/0/5 to Ethernet 0/0/8
[S1-port-group-2]port link-type access
[S1-port-group-2]port default vlan 20
[S1-port-group-2]quit
[S1]port-group 3
[S1-port-group-3]group-member Ethernet 0/0/9 to Ethernet 0/0/12
[S1-port-group-1]port link-type access
[S1-port-group-3]port default vlan 30
```

这时，再用 display vlan 命令查看会发现端口已经重新分配了，还可以检查配置是否正确。

```
[S1]display vlan
The total number of vlans is : 4

VID  Type    Ports
--------------------------------------------------------------------
1    common  UT:Eth0/0/13(D)   Eth0/0/14(D)   Eth0/0/15(D)   Eth0/0/16(D)
                Eth0/0/17(D)   Eth0/0/18(D)   Eth0/0/19(D)   Eth0/0/20(D)
                Eth0/0/21(D)   Eth0/0/22(D)   GE0/0/1(D)     GE0/0/2(D)
10   common  UT:Eth0/0/1(U)    Eth0/0/2(U)    Eth0/0/3(D)    Eth0/0/4(D)
20   common  UT:Eth0/0/5(U)    Eth0/0/6(U)    Eth0/0/7(D)    Eth0/0/8(D)
30   common  UT:Eth0/0/9(U)    Eth0/0/10(U)   Eth0/0/11(D)   Eth0/0/12(D)

VID  Status  Property  MAC-LRN  Statistics  Description
--------------------------------------------------------------------
1    enable  default   enable   disable     VLAN 0001
10   enable  default   enable   disable     Sales
20   enable  default   enable   disable     Finances
30   enable  default   enable   disable     Techs
```

通过以上操作，在交换机上进行了 VLAN 的创建和端口的分配，从而实现了交换机端口的隔离。

03 确认 PC 正确连接到对应 VLAN 上的端口，如 PC1、PC2 是接入 VLAN10，且只能接到交换机的 Fa0/1～Fa0/4 范围内的端口上。

验证本训练，可使用相同 VLAN 的计算机进行 ping 测试，以及不同 VLAN 间的计算机进行 ping 测试。下面分别用 PC1 和 PC2、PC1 和 PC4 进行 ping 测试，结果如图 2.2.3 所示。

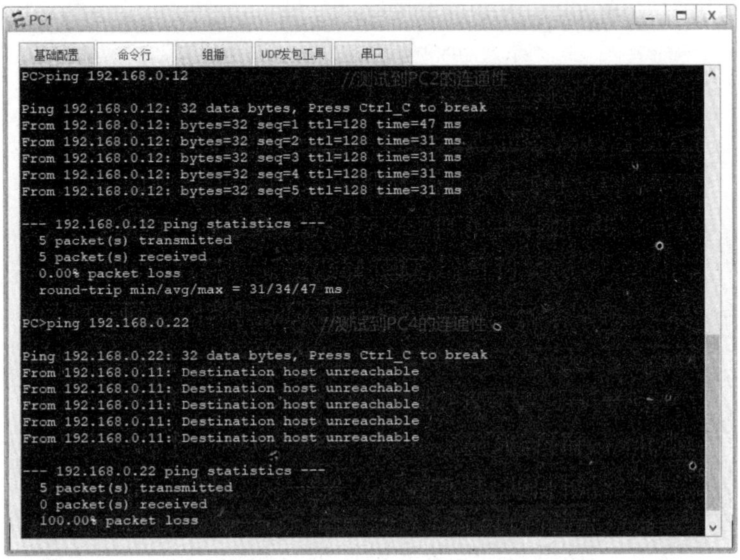

图 2.2.3 验证 VLAN 的配置

训 练 小 结

在一个交换机中，划分 VLAN 后，所有计算机设置了同一个网段的 IP 地址，只有相同 VLAN 的 PC 间可以相互通信，不同 VLAN 的 PC 间不能通信。通过 VLAN 的划分，可以实现广播域的控制。

训 练 2 交换机间相同 VLAN 的通信

训练描述

当网络中存在两台或两台以上的交换机时，且每个交换机上均划分了相同的 VLAN，就可以实现交换机间所有相同 VLAN 中的计算机通过交换机互连的端口进行通信。默认情况下，交换机的端口均为 Access 模式，这种模式的端口只能隶属一个 VLAN，通常用来连接计算机；而 Trunk 模式的端口可以允许多个 VLAN

通信，一般用于交换机互连。

下面通过训练来验证和实现交换机间相同 VLAN 的计算机相互通信，本训练的网络拓扑结构图如图 2.2.4 所示。

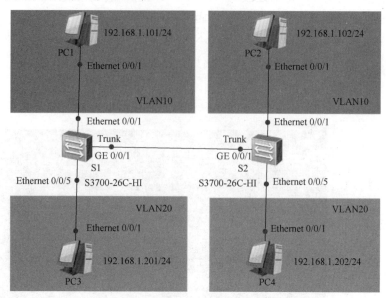

图 2.2.4　交换机间相同 VLAN 的通信网络拓扑结构图

训练要求

按要求连接好每一台计算机和交换机，并配置好每台计算机的 IP 地址和子网掩码。因为分配给每台计算机的 IP 都是 192.168.1.0/24 网段的 IP 地址，而且两个交换机都只有一个共同的 VLAN，那就是默认的 VLAN1，所以所有计算机之间都是相互连通的，可利用任何一台计算机使用 ping 命令测试与其他计算机的连通性。图 2.2.5 所示为在 PC1 上使用 ping 命令测试与 PC4 的连通性。

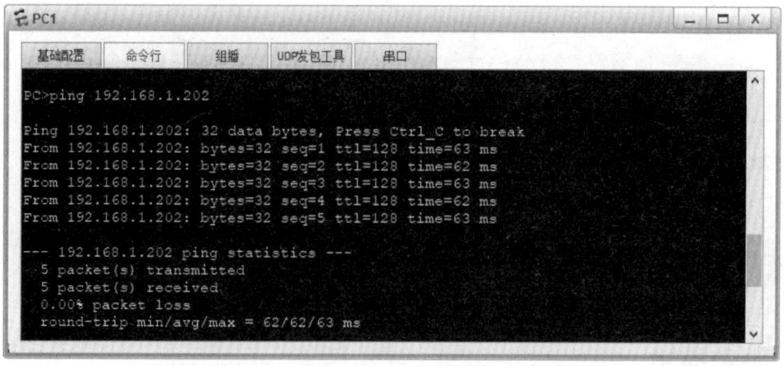

```
PC>ping 192.168.1.202

Ping 192.168.1.202: 32 data bytes, Press Ctrl_C to break
From 192.168.1.202: bytes=32 seq=1 ttl=128 time=63 ms
From 192.168.1.202: bytes=32 seq=2 ttl=128 time=62 ms
From 192.168.1.202: bytes=32 seq=3 ttl=128 time=63 ms
From 192.168.1.202: bytes=32 seq=4 ttl=128 time=62 ms
From 192.168.1.202: bytes=32 seq=5 ttl=128 time=63 ms

--- 192.168.1.202 ping statistics ---
5 packet(s) transmitted
5 packet(s) received
0.00% packet loss
round-trip min/avg/max = 62/62/63 ms
```

图 2.2.5　测试 PC1 与 PC4 的连通性

使用同样的方法，可以验证其他计算机之间的连通性。最终可以得出结论：当前网络拓扑图中的所有计算机都是相互连通的。

（1）添加 4 台计算机，分别更改标签为 PC1～PC4。

（2）添加两台交换机 S3700-26C-HI，标签名为 S1 和 S2，设置交换机的名称分别为 S1 和 S2。

（3）PC1 连 S1 的 Ethernet 0/0/1，PC3 连 S1 的 Ethernet 0/0/5，PC2 连 S2 的 Ethernet 0/0/1，PC4 连 S2 的 Ethernet 0/0/5，两台交换机通过各自的 GE 0/0/1 互连。

（4）开启所有交换机和 PC 的设备电源。

（5）根据如图 2.2.4 所示的网络拓扑结构图，使用直通线连接好所有计算机，并设置每台计算机的 IP 地址和子网掩码。

（6）在 S1 和 S2 上分别划分两个 VLAN（VLAN10 和 VLAN20），端口的分配如表 2.2.2 所示。

表 2.2.2　两个交换机的 VLAN 划分情况

VLAN 编号	端口范围
10	Ethernet 0/0/1 ~ 4
20	Ethernet 0/0/5 ~ 8
Trunk 口	GE 0/0/1

交换机间相同
VLAN 的通信

（7）实现 PC1 与 PC2 相互通信，PC3 与 PC4 相互通信，其他组合不能通信。

训练步骤

01 创建 VLAN 及端口分配。

对两个交换机进行相同的 VLAN 划分，下面是 S1 的配置过程，同理可实现 S2 的配置。

```
<Huawei>system-view
[Huawei]sysname S1
[S1]vlan 10
[S1-vlan10]vlan 20
[S1-vlan20]quit
[S1]port-group 1
[S1-port-group-1]group-member Ethernet 0/0/1 to Ethernet 0/0/4
[S1-port-group-1]port link-type access
[S1-Ethernet0/0/1]port link-type access
[S1-Ethernet0/0/2]port link-type access
[S1-Ethernet0/0/3]port link-type access
[S1-Ethernet0/0/4]port link-type access
[S1-port-group-1]port default vlan 10
[S1-Ethernet0/0/1]port default vlan 10
[S1-Ethernet0/0/2]port default vlan 10
[S1-Ethernet0/0/3]port default vlan 10
[S1-Ethernet0/0/4]port default vlan 10
[S1-port-group-1]quit
[S1]port-group 2
[S1-port-group-2]group-member Ethernet 0/0/5 to Ethernet 0/0/8
```

```
[S1-port-group-2]port link-type access
[S1-Ethernet0/0/5]port link-type access
[S1-Ethernet0/0/6]port link-type access
[S1-Ethernet0/0/7]port link-type access
[S1-Ethernet0/0/8]port link-type access
[S1-port-group-2]port default vlan 20
[S1-Ethernet0/0/5]port default vlan 20
[S1-Ethernet0/0/6]port default vlan 20
[S1-Ethernet0/0/7]port default vlan 20
[S1-Ethernet0/0/8]port default vlan 20
[S1-port-group-2]quit
```

当两台交换机都按上面的命令配置完成后，再测试它们的连通性，发现 4 台计算机都不能相互通信了。查找原因，发现交换机是通过端口 GE 0/0/1 相连，而端口 GE 0/0/1 并不在 VLAN10 和 VLAN20 中。可以把与交换机互连的端口改为 Ethernet 0/0/2（即 VLAN10 的端口）相连，再测试时就可以发现 PC1 和 PC2 可以相互访问了，而 PC3 和 PC4 仍然不能相互访问。同样，接到 VLAN20 的端口进行相连，情况相反。

02 设置 GE 0/0/1 端口的模式为 Trunk 模式。

要解决上述难题，仍然采用 GE 0/0/1 端口相连两台交换机，可以将 GE 0/0/1 端口设置为 Trunk 模式。因为 Trunk 模式的端口可以允许单个、多个或者是交换机上划分的所有 VLAN 通过它进行通信。

设置方法具体如下（以 S1 为例）：

```
[S1]interface GigabitEthernet 0/0/1
[S1-GigabitEthernet0/0/1]port link-type trunk
[S1-GigabitEthernet0/0/1]port trunk allow-pass vlan ?     //查看命令参数
   INTEGER<1-4094>  VLAN ID                //允许通过的 VLAN 的 ID
 all           All                         //允许所有 VLAN 通过
[S1-GigabitEthernet0/0/1]port trunk allow-pass vlan 10 20
```

下面是在系统视图下使用 display vlan 命令查看端口模式，GE 0/0/1 端口的链路类型为 TG，说明该端口已经是 Trunk 模式了。

```
[S1]display vlan
The total number of vlans is : 3
--------------------------------------------------------------------
U: Up;         D: Down;          TG: Tagged;        UT: Untagged;
MP: Vlan-mapping;                ST: Vlan-stacking;
#: ProtocolTransparent-vlan;      *: Management-vlan;
--------------------------------------------------------------------
VID  Type    Ports
--------------------------------------------------------------------
10   common  UT:Eth0/0/1(U)  Eth0/0/2(D)  Eth0/0/3(D)  Eth0/0/4(D)
             TG:GE0/0/1(U)
20   common  UT:Eth0/0/5(U)  Eth0/0/6(D)  Eth0/0/7(D)  Eth0/0/8(D)
             TG:GE0/0/1(U)
```

同理，可以设置 S2 的 GE 0/0/1 端口为 Trunk 模式，并设置允许所有 VLAN10 和 VLAN20 通过。至此，本任务配置完成。这时，两个交换机中的相同 VLAN 中的计算机已经可以通信了。

03 检查 GE 0/0/1 端口上 Trunk 的配置情况。

使用 display port vlan GigabitEthernet 0/0/1 命令查看端口模式，GE 0/0/1 端口的模式为 Trunk 模式，允许 VLAN10 和 VLAN20 通过。

（1）在交换机 S1 上查看。

```
[S1]display port vlan GigabitEthernet 0/0/1
Port                    Link Type    PVID  Trunk VLAN List
-------------------------------------------------------------
GigabitEthernet0/0/1    trunk         1     1 10 20
```

（2）在交换机 S2 上查看。

```
[S2]display port vlan GigabitEthernet 0/0/1
Port                    Link Type    PVID  Trunk VLAN List
-------------------------------------------------------------
GigabitEthernet0/0/1    trunk         1     1 10 20
```

04 验证时，可以在任一台计算机上使用 ping 命令测试与其他计算机的连通性。图 2.2.6 所示为在 PC1 上使用 ping 命令分别测试与 PC2（不同交换机但属于相同 VLAN）和 PC4（不同交换机且属于不同 VLAN）的连通结果。

图 2.2.6　验证交换机间相同 VLAN 的通信

■ 训 练 小 结

在一个网络上存在两个或两个以上的交换机互连时，且交换机都进行了相同的 VLAN 配置，设置交换机相连的端口为 Trunk 模式，并允许相应的 VLAN 通过，可以实现交换机之间相同 VLAN 上的计算机相互通信。

训练描述

三层交换技术就是二层交换技术加三层路由转发技术。传统的交换技术是在 OSI（open system interconnect，开放式系统互连）网络标准模型中的第二层（即数据链路层）进行操作的，而三层交换技术是在网络标准模型中的第三层（即网络层）实现了数据包的高速转发。应用三层交换技术既可实现网络路由的功能，又可以根据不同的网络状况实现最优的网络性能。

在企业网和教育网中，一般会将三层交换机应用在网络的核心层，用三层交换机上的千兆端口或百兆端口连接不同的子网或 VLAN。使用三层交换机最重要的目的是加快大型局域网内部的数据交换，所具备的路由功能也多是围绕这一目的而展开的，因此它的路由功能没有同一档次的专业路由器强。毕竟它在安全、协议支持等方面还有许多欠缺，并不能完全取代路由器工作。

在实际应用过程中，典型的做法如图 2.2.7 所示：处于同一个局域网中的各个子网的互连以及局域网中 VLAN 间的路由，使用三层交换机来代替路由器，只有局域网与公网之间要实现跨地域的网络访问时，才使用专业路由器。

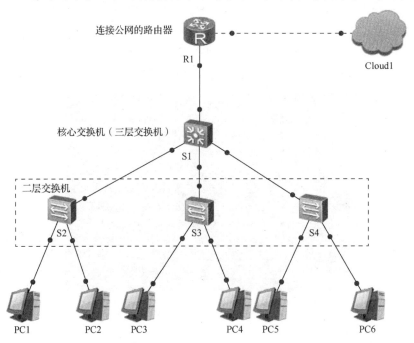

图 2.2.7　三层交换机在实际应用中的网络拓扑结构图

三层交换机具有以下优点：

（1）访问速度快。

（2）充分利用现有资源。

（3）子网间带宽可随意配置。

（4）降低了网络成本。

（5）可实现部分安全机制，三层交换机具有访问列表的功能，可以实现不同 VLAN 间的单向或双向通信。

下面使用三层交换机搭建网络实训环境，验证三层交换机的路由功能。

训练要求

按照如图 2.2.8 所示的网络拓扑结构图搭建网络，配置好每台计算机的 IP 地址及子网掩码后，先测试 4 台计算机间的通信，可以发现 PC1 和 PC2 可以通信，PC3 和 PC4 可以通信，但 PC1、PC2 与 PC3、PC4 之间不能通信。图 2.2.9 所示为在 PC1 上使用 ping 命令测试与 PC2 和 PC3 的连通结果。

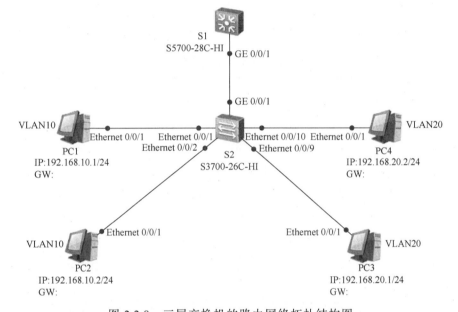

图 2.2.8　三层交换机的路由网络拓扑结构图

图 2.2.9　在 PC1 上使用 ping 命令测试与 PC2 和 PC3 的连通结果

所有计算机都连接在同一个交换机上，且交换机没有划分 VLAN，所有端口都在同一个 VLAN1 中。那么，为什么所有计算机之间不能相互通信呢？原因在于这 4 台计算机并不在同一个网络段中，PC1 和 PC2 是属于 192.168.10.0/24 网络段的 IP，而 PC3 和 PC4 是属于 192.168.20.0/24 网络段的 IP。

（1）添加 4 台计算机，分别更改标签名为 PC1、PC2。

（2）添加一台二层交换机 S3700-26C-HI，更改标签名为 S2。

（3）添加一台三层交换机 S5700-28C-HI，更改标签名为 S1。

（4）PC1 连 S2 的 Ethernet0/0/1，PC2 连 S2 的 Ethernet 0/0/2。

（5）开启所有交换机和 PC 的设备电源。

（6）在 S2 上划分两个 VLAN（VLAN10、VLAN20），并将 GE 0/0/1 端口模式设置为 Trunk 模式，详细参数如表 2.2.3 所示。

表 2.2.3　二层交换机的 VLAN 参数

VLAN 编号	端口范围	端口模式
10	1 ~ 8	Access
20	9 ~ 16	Access
	GE 0/0/1	Trunk

（7）在 S1 上划分两个 VLAN（VLAN10、VLAN20），并将 GE 0/0/1 端口模式设置为 Trunk 模式，详细参数如表 2.2.4 所示。

表 2.2.4　三层交换机的 VLAN 参数

VLAN 编号	端口范围	IP 地址/端口模式
10		192.168.10.254/24
20		192.168.20.254/24
	GE 0/0/1	Trunk

三层交换机
的配置

（8）按照图 2.2.8 所示的网络拓扑结构图，使用直通线连接好所有计算机，并设置每台计算机的 IP 地址和子网掩码，网关（gateway，GW）预留。

（9）通过三层交换机实现不同 VLAN 的计算机之间可以相互通信。

训练步骤

要实现 4 台计算机之间都能通信，且不借助其他设备，就要在交换机划分不同网络的广播域，即划分 VLAN，并利用三层交换机上的 VLANIF 端口功能，VLANIF 端口可以配置 IP 地址，借助 VLANIF 端口三层交换机就能实现路由转发的功能，从而实现不同 VLAN 间及不同网络间路由转发、寻址的功能。

01 划分二层交换机 S2 上的 VLAN 及端口分配，配置命令如下：

```
<Huawei>system-view
[Huawei]sysname S2
```

```
[S2]vlan batch 10 20
[S2]port-group 1
[S2-port-group-1]group-member Ethernet 0/0/1 to Ethernet 0/0/8
[S2-port-group-1]port link-type access
[S2-Ethernet0/0/1]port link-type access
[S2-Ethernet0/0/2]port link-type access
[S2-Ethernet0/0/3]port link-type access
[S2-Ethernet0/0/4]port link-type access
[S2-Ethernet0/0/5]port link-type access
[S2-Ethernet0/0/6]port link-type access
[S2-Ethernet0/0/7]port link-type access
[S2-Ethernet0/0/8]port link-type access
[S2-port-group-1]port default vlan 10
[S2-Ethernet0/0/1]port default vlan 10
[S2-Ethernet0/0/2]port default vlan 10
[S2-Ethernet0/0/3]port default vlan 10
[S2-Ethernet0/0/4]port default vlan 10
[S2-Ethernet0/0/5]port default vlan 10
[S2-Ethernet0/0/6]port default vlan 10
[S2-Ethernet0/0/7]port default vlan 10
[S2-Ethernet0/0/8]port default vlan 10
[S2-port-group-1]quit
[S2]port-group 2
[S2-port-group-2]group-member Ethernet 0/0/9 to Ethernet 0/0/16
[S2-port-group-2]port link-type access
[S2-Ethernet0/0/9]port link-type access
[S2-Ethernet0/0/10]port link-type access
[S2-Ethernet0/0/11]port link-type access
[S2-Ethernet0/0/12]port link-type access
[S2-Ethernet0/0/13]port link-type access
[S2-Ethernet0/0/14]port link-type access
[S2-Ethernet0/0/15]port link-type access
[S2-Ethernet0/0/16]port link-type access
[S2-port-group-1]port default vlan 20
[S2-Ethernet0/0/9]port default vlan 20
[S2-Ethernet0/0/10]port default vlan 20
[S2-Ethernet0/0/11]port default vlan 20
[S2-Ethernet0/0/12]port default vlan 20
[S2-Ethernet0/0/13]port default vlan 20
[S2-Ethernet0/0/14]port default vlan 20
[S2-Ethernet0/0/15]port default vlan 20
[S2-Ethernet0/0/16]port default vlan 20
[S2-port-group-1]quit
[S2]interface GigabitEthernet 0/0/1
[S2-GigabitEthernet0/0/1]port link-type trunk
[S2-GigabitEthernet0/0/1]port trunk allow-pass vlan 10 20
[S2-GigabitEthernet0/0/1]quit
```

```
[S2]interface GigabitEthernet 0/0/1
[S2-GigabitEthernet0/0/1]port link-type trunk
[S2-GigabitEthernet0/0/1]port trunk allow-pass vlan 10 20
[S2-GigabitEthernet0/0/1]quit
```

02 划分三层交换机 S1 上的 VLAN 及配置每个 VLAN 的端口 IP 地址,配置命令如下:

```
<Huawei>system-view
[Huawei]sysname S1
[S1]vlan batch 10 20
[S1]interface Vlanif 10
[S1-Vlanif10]ip address 192.168.10.254 24
[S1-Vlanif10]quit
[S1]interface Vlanif 20
[S1-Vlanif20]ip address 192.168.20.254 24
[S1-Vlanif20]quit
[S1]interface GigabitEthernet 0/0/1
[S1-GigabitEthernet0/0/1]port link-type trunk
[S1-GigabitEthernet0/0/1]port trunk allow-pass vlan 10 20
[S1-GigabitEthernet0/0/1]quit
```

03 设置计算机的网关,实现不同 VLAN 间和不同网络间的通信。

计算机之间在要实现跨网络互连时,必须要通过网关进行路由转发,因此实现交换机 VLAN 间的路由,还要为每台计算机设置网关。

设置计算机的网关时,应选择该计算机的上连设备的 IP 地址,也可以称为下一跳地址。对于本训练的网络拓扑结构图,PC1 和 PC2 的上连设备为 S2 的 VLAN10,而 VLAN10 的端口 IP 地址为 192.168.10.254,那么 VLAN10 的端口 IP 地址为 PC1 和 PC2 的下一跳地址。因此,PC1 和 PC2 的网关应设置为 192.168.10.254。同理,PC3 和 PC4 的网关为 VLAN20 的端口 IP 地址为 192.168.20.254。

设置网关是在计算机桌面的 IP 设置中完成的。图 2.2.10 所示为设置 PC1 的网关。

图 2.2.10 设置 PC1 的网关

使用同样的方法，为其他三台计算机的网关做相应的设置。至此，本训练所有的配置都已经完成。下面进行验证及测试。

04 在每一台计算机上利用桌面的"命令提示符"，使用 ping 命令测试与其他计算机的连通情况。图 2.2.11 所示为在 PC1 上使用 ping 命令测试与 PC3 的连通结果。

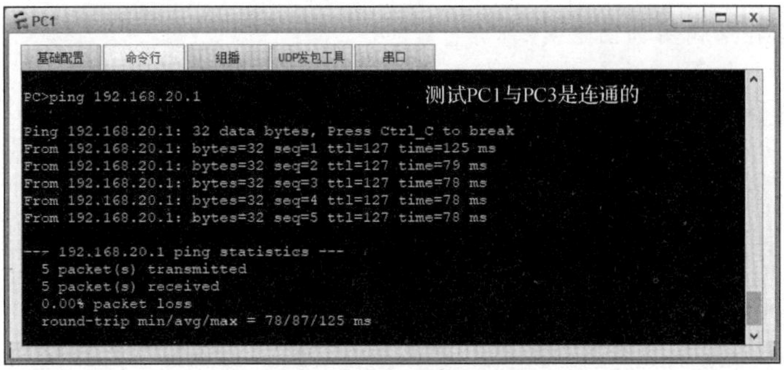

图 2.2.11 PC1 与 PC3 的连通测试

训练小结

当三层交换机上划分了多个 VLAN，且每个 VLAN 使用不同网段的 IP 地址时，要实现交换机下连的所有计算机都能相互通信，必须要设置每个 VLAN 的端口 IP 地址，并且所有计算机都要设置网关，网关为上连 VLAN 的端口 IP 地址。

任务三 交换机的常用技术

交换机是一种功能强大、应用广泛的网络设备。其中，VLAN 技术是交换机较典型的应用。另外，还有链路聚合技术、生成树技术、动态主机配置协议技术和虚拟路由器冗余协议技术等应用。

本任务重点学习交换机的四个常用技术，因此设计了以下四个训练来进行学习。

训练 1 交换机的链路聚合技术。
训练 2 交换机的生成树技术。
训练 3 交换机的 DHCP 技术。
训练 4 交换机的 VRRP 技术。

训练1 交换机的链路聚合技术

训练描述

链路聚合又称为端口汇聚，是指两台交换机之间在物理上将两个或多个端口连接起来，将多条链路聚合成一条逻辑链路，从而增大链路带宽，解决交换网络中因带宽过小引起的网络瓶颈问题。多条物理链路之间能够相互冗余备份，其中任意一条链路断开，不会影响其他链路正常转发数据。

下面利用两台交换机搭建网络实训环境，验证交换机的链路聚合功能，网络拓扑结构图如图 2.3.1 所示。

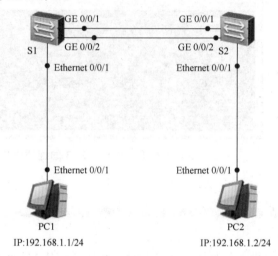

图 2.3.1　交换机的链路聚合网络拓扑结构图

▌ 训练要求

由于本训练使用二层交换机实现链路聚合功能，在二层交换机互连时要用直通线进行互连。当连接好设备时，交换机互连的两条链路之间还并未实现链路聚合功能。

（1）添加两台计算机，分别更改标签名为 PC1、PC2。

（2）添加两台二层交换机 S3700-26C-HI，标签名为 S1、S2。

（3）PC1 连 S1 的 Ethernet 0/0/1，PC2 连 S2 的 Ethernet 0/0/1。

（4）开启所有交换机和 PC 的设备电源。

（5）设置两台交换机的 GE 0/0/1、GE 0/0/2 两个端口为链路聚合，实现链路聚合功能。

交换机的链路
聚合技术

⬚ 训练步骤

01 完成交换机 S1 的配置。

```
<Huawei>system-view
[Huawei]sysname S1
[S1]interface eth-trunk 1              //创建 ID 为 1 的 Eth-Trunk 端口
[S1-Eth-Trunk1] quit                   //退出 Eth-Trunk 1 端口视图
```

```
[S1]interface GigabitEthernet 0/0/1        //进入 GE 0/0/1 端口视图
[S1-GigabitEthernet0/0/1]eth-trunk 1       //加入 Eth-Trunk 1 聚合端口
[S1-GigabitEthernet0/0/1]quit              //退出 GE 0/0/1 端口视图
[S1]interface GigabitEthernet 0/0/2
[S1-GigabitEthernet0/0/2]eth-trunk 1       //加入 Eth-Trunk 1 聚合端口
[S1-GigabitEthernet0/0/2]quit
[S1]interface eth-trunk 1                  //进入 Eth-Trunk 1 聚合端口
[S1-Eth-Trunk1]port link-type trunk        //设置端口模式为 Trunk 模式
[S1-Eth-Trunk1]quit                        //退出 Eth-Trunk 1 端口视图
```

02 完成交换机 S2 的配置。

```
[S2]interface eth-trunk 1                  //创建 ID 为 1 的 Eth-Trunk 端口
[S2-Eth-Trunk1]trunkport GigabitEthernet 0/0/1 to 0/0/2
//将 GE 0/0/1 和 GE 0/0/2 端口加入 eth-trunk 1 聚合端口
[S2-Eth-Trunk1]port link-type trunk        //设置聚合端口模式为 Trunk 模式
[S2-Eth-Trunk1]quit                        //退出 Eth-Trunk 1 端口视图
//这里交换机 S2 使用的是将成员端口批量加入聚合组
```

03 在交换机 S1 上查看链路聚合组 1 的信息。

```
[S1]display eth-trunk 1
Eth-Trunk1's state information is:
WorkingMode: NORMAL      Hash arithmetic: According to SIP-XOR-DIP
Least Active-linknumber: 1  Max Bandwidth-affected-linknumber: 8
Operate status: up        Number Of Up Port In Trunk: 2
--------------------------------------------------------------
PortName                   Status        Weight
GigabitEthernet0/0/1       Up            1
GigabitEthernet0/0/2       Up            1
```

04 在交换机 S2 上查看链路聚合组 1 的信息。

```
[S2]display eth-trunk 1
Eth-Trunk1's state information is:
WorkingMode: NORMAL      Hash arithmetic: According to SIP-XOR-DIP
Least Active-linknumber: 1  Max Bandwidth-affected-linknumber: 8
Operate status: up        Number Of Up Port In Trunk: 2
--------------------------------------------------------------
PortName                   Status        Weight
GigabitEthernet0/0/1       Up            1
GigabitEthernet0/0/2       Up            1
//查看到的信息表明 Eth-Trunk 工作正常，成员端口都已正确加入
```

05 测试 PC 间的连通性。在 PC1 上使用 ping 命令测试与 PC2 的连通性，结果如图 2.3.2 所示。

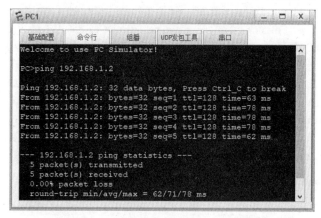

图 2.3.2　测试 PC1 与 PC2 的连通性

06 改变拓扑结构重新测试。把聚合端口的连线去掉一根（将其所在端口关闭即可），重新测试连通性。可以发现，去掉一根连线后，PC 间的连通性并没有受影响（除了会有短暂的丢包），如图 2.3.3 所示。

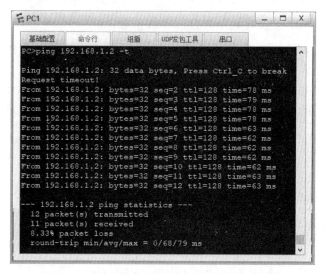

图 2.3.3　改变拓扑结构后的连通性测试结果

▌训 练 小 结

（1）在设置交换机的链路聚合时，可以依次加入每个端口，也可以将成员端口批量加入聚合组。

（2）选择的端口必须是连续的。

（3）因为端口聚合组一般和 VLAN 联合使用，所以端口应设置成 Trunk 模式。

训 练 2 交换机的生成树技术

■ 训练描述

生成树协议（spanning tree protocol，STP），是一个二层的链路管理协议，它在提供冗余备份链路的同时还可防止网络产生环路，与 VLAN 配合可以提供链路负载均衡。生成树协议目前常见的版本有 STP(生成树协议 IEEE 802.1d),RSTP（rapid STP，快速生成树协议 IEEE 802.1w），MSTP（multiple STP，多生成树协议 IEEE 802.1s）。

下面学习交换机的生成树技术的应用及配置方法,网络拓扑结构图如图 2.3.4 所示。

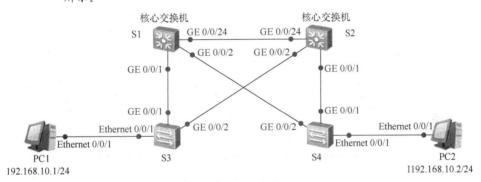

图 2.3.4 交换机的生成树网络拓扑结构图

■ 训练要求

生成树算法是利用 SPA（successive projections algorithm，连续投影算法），在存在交换环境的网络中生成一个没有环路的树形网络。运用该算法将交换网络冗余的备份链路在逻辑上断开，当主要链路出现故障时，能够自动切换到备份链路，保证数据的正常转发。

（1）添加两台计算机，更改标签名为 PC1、PC2。

（2）添加两台 S5700-28C-HI 交换机，分别更改标签名为 S1、S2，设置交换机的名称 S1、S2。

（3）添加两台 S3700-26C-HI 交换机，分别更改标签名为 S3、S4，设置交换机的名称 S3、S4。

（4）开启所有交换机和 PC 的设备电源。

（5）PC1 连 S3 的 Ethernet 0/0/1, PC2 连 S4 的 Ethernet 0/0/1。

（6）S3 的 GE 0/0/1 连 S1 的 GE 0/0/1, S3 的 GE 0/0/2 连 S2 的 GE 0/0/2, S4 的 GE 0/0/1 连 S2 的 GE 0/0/1, S4 的 GE 0/0/2 连 S1 的 GE 0/0/2, S1 的 GE 0/0/24 连 S2 的 GE 0/0/24。

（7）在 S1、S2、S3 和 S4 上划分 VLAN10，端口分配如表 2.3.1 所示。

表 2.3.1　两个交换机的 VLAN 划分情况

设备	VLAN 编号	端口范围
S1	10	
	Trunk	GE 0/0/1
		GE 0/0/2
		GE 0/0/24
S2	10	
	Trunk	GE 0/0/1
		GE 0/0/2
		GE 0/0/24
S3	10	Ethernet 0/0/1
	Trunk	GE 0/0/1
		GE 0/0/2
S4	10	Ethernet 0/0/1
	Trunk	GE 0/0/1
		GE 0/0/2

（8）根据如图 2.3.4 所示的网络拓扑结构图，使用直通线连接好所有计算机。设置每台计算机的 IP 地址和子网掩码，如表 2.3.2 所示。

表 2.3.2　计算机的 IP 参数

计算机	IP 地址	子网掩码
PC1	192.168.10.1	255.255.255.0
PC2	192.168.10.2	255.255.255.0

交换机的
生成树技术

（9）为避免交换环路问题，需要配置交换机的 STP 功能，以加快网络拓扑收敛。要求核心交换机有较高优先级，S1 为主根交换机，S2 为备用根交换机，S1-S3 和 S1-S4 为主链路。

训练步骤

01 交换机的基本配置。

（1）交换机 S1 的配置如下：

```
<Huawei>system-view
[Huawei]sysname S1
[S1]vlan 10
[S1-vlan10]description Market
[S1-vlan10]quit
```

```
[S1]port-group group-member G0/0/1 to G0/0/2 G0/0/24
[S1-port-group]port link-type trunk
[S1-GigabitEthernet0/0/1]port link-type trunk
[S1-GigabitEthernet0/0/2]port link-type trunk
[S1-GigabitEthernet0/0/24]port link-type trunk
[S1-port-group]port trunk allow-pass vlan 10
[S1-GigabitEthernet0/0/1]port trunk allow-pass vlan 10
[S1-GigabitEthernet0/0/2]port trunk allow-pass vlan 10
[S1-GigabitEthernet0/0/24]port trunk allow-pass vlan 10
[S1-port-group]quit
```

（2）交换机 S2 的配置如下：

```
[Huawei]system-view
[Huawei]sysname S2
[S2]vlan 10
[S2-vlan10]description Market
[S2-vlan10]quit
[S2]port-group group-member G0/0/1 to G0/0/2 G0/0/24
[S2-port-group]port link-type trunk
[S2-GigabitEthernet0/0/1]port link-type trunk
[S2-GigabitEthernet0/0/2]port link-type trunk
[S2-GigabitEthernet0/0/24]port link-type trunk
[S2-port-group]port trunk allow-pass vlan 10
[S2-GigabitEthernet0/0/1]port trunk allow-pass vlan 10
[S2-GigabitEthernet0/0/2]port trunk allow-pass vlan 10
[S2-GigabitEthernet0/0/24]port trunk allow-pass vlan 10
[S2-port-group]quit
```

（3）交换机 S3 的配置如下：

```
<Huawei>system-view
[Huawei]sysname S3
[S3]vlan 10
[S3-vlan10]description Market
[S3-vlan10]quit
[S3]interface Ethernet 0/0/1
[S3-Ethernet0/0/1]port link-type access
[S3-Ethernet0/0/1]port default vlan 10
[S3-Ethernet0/0/1]quit
[S3]interface GigabitEthernet 0/0/1
[S3-GigabitEthernet0/0/1]port link-type trunk
[S3-GigabitEthernet0/0/1]port trunk allow-pass vlan 10
[S3-GigabitEthernet0/0/1]quit
[S3]interface GigabitEthernet 0/0/2
[S3-GigabitEthernet0/0/2]port link-type trunk
[S3-GigabitEthernet0/0/2]port trunk allow-pass vlan 10
[S3-GigabitEthernet0/0/2]quit
```

（4）交换机 S4 的配置如下：

```
[Huawei]system-view
[Huawei]sysname S4
[S4]vlan 10
[S4-vlan10]description Market
[S4-vlan10]quit
[S4]interface Ethernet 0/0/1
[S4-Ethernet0/0/1]port link-type access
[S4-Ethernet0/0/1]port default vlan 10
[S4-Ethernet0/0/1]quit
[S4]interface GigabitEthernet 0/0/1
[S4-GigabitEthernet0/0/1]port link-type trunk
[S4-GigabitEthernet0/0/1]port trunk allow-pass vlan 10
[S4-GigabitEthernet0/0/1]quit
[S4]interface GigabitEthernet 0/0/2
[S4-GigabitEthernet0/0/2]port link-type trunk
[S4-GigabitEthernet0/0/2]port trunk allow-pass vlan 10
[S4-GigabitEthernet0/0/2]quit
```

02 开启交换机的 STP。

（1）交换机 S1 的配置如下：

```
[S1]stp enable
[S1]stp mode stp
```

（2）交换机 S2 的配置如下：

```
[S2]stp enable
[S2]stp mode stp
```

（3）交换机 S3 的配置如下：

```
[S3]stp enable
[S3]stp mode stp
```

（4）交换机 S4 的配置如下：

```
[S4]stp enable
[S4]stp mode stp
```

03 配置交换机 S1 和 S2 上 STP 的优先级。将 S1 配置为主根交换机，S2 为备用根交换机。

方法 1：修改交换机的优先级，指定根网桥。

（1）在 S1 上的配置如下：

将 S1 的优先级改为 0。

```
[S1]stp priority 0
```

（2）在 S2 上的配置如下：

将 S2 的优先级改为 4096。

```
[S2]stp priority 4096
```

提示：优先级的取值是 0 ~ 65535，默认值是 32768，优先级的取值要求设置为 4096 的倍数，如 4096、8192 等。

方法 2：通过命令直接指定根网桥。

（1）在 S1 上的配置如下：

删除在 S1 上所配置的优先级，使用 stp root primary 命令配置主根交换机。

```
[S1]undo stp priority
[S1]stp root primary
```

（2）在 S2 上的配置如下：

删除在 S2 上所配置的优先级，使用 stp root secondary 命令配置备用根交换机。

```
[S2]undo stp priority
[S2]stp root secondary
```

提示：在设备上配置 stp root primary 命令后，设备的桥优先级的值会被自动设为 0，并且不能通过修改优先级的方式来更改该设备的桥优先级的值。

04 使用 display vlan 命令验证各交换机上的 VLAN 配置信息。

05 使用 display stp 命令查看交换机 S1 和 S2 上的 STP 状态。

（1）在 S1 上查看 STP 模式是否正确。

```
[S1]display stp
-------[CIST Global Info][Mode STP]-------
CIST Bridge         :0    .4c1f-cc60-485e
Config Times        :Hello 2s MaxAge 20s FwDly 15s MaxHop 20
Active Times        :Hello 2s MaxAge 20s FwDly 15s MaxHop 20
CIST Root/ERPC      :0    .4c1f-cc60-485e / 0
CIST RegRoot/IRPC   :0    .4c1f-cc60-485e / 0
CIST RootPortId     :0.0
BPDU-Protection     :Disabled
…… //省略部分内容
//这里可以看到 CIST Bridge 的值为 0，表示是根网桥
```

（2）在 S2 上查看 STP 模式是否正确。

```
[S2]display stp
-------[CIST Global Info][Mode STP]-------
CIST Bridge         :4096 .4c1f-ccb2-4bba
Config Times        :Hello 2s MaxAge 20s FwDly 15s MaxHop 20
Active Times        :Hello 2s MaxAge 20s FwDly 15s MaxHop 20
CIST Root/ERPC      :0    .4c1f-cc60-485e / 20000
CIST RegRoot/IRPC   :4096 .4c1f-ccb2-4bba / 0
CIST RootPortId     :128.24
```

```
BPDU-Protection        :Disabled
…… //省略部分内容
//这里可以看到 CIST Bridge 的值为 4096，表示是备用根网桥
```

06 使用 ping 命令测试部门计算机间的互通性。

使用 ping 命令测试与其他计算机的连通情况。图 2.3.5 所示为在 PC1 上使用 ping 命令测试与 PC2 的连通结果。

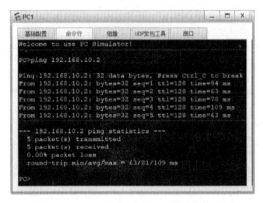

图 2.3.5 PC1 和 PC2 的连通性测试结果

▍训 练 小 结

交换机配置生成树协议，可以提供多条冗余备份链路，并解决互联网络中的环路问题。默认情况下，两个交换机间的多条冗余链路仅有一条处于工作状态，其他链路都处于关闭状态，只有当其他链路出现故障或断开的情况下才会启用。但如果设置了生成树的 VLAN 负载均衡技术，则可以实现多条链路同时工作，这在一定程度上实现了网络带宽的扩容，从而提升了网络的速度。

训练 3 交换机的 DHCP 技术

▍训练描述

动态主机配置协议（DHCP）是 TCP/IP 协议族中的一员，主要作用是给网络中其他计算机动态分配 IP 地址。

DHCP 是由服务器控制的一段 IP 地址，客户机登录服务器时就可以自动获得服务器分配的 IP 地址、子网掩码、网关和 DNS 地址。首先，网络中必须存在一部 DHCP 服务器，这个服务器是可以采用 Windows 2016 Server 系统的计算机，也可以是交换机设备和路由器设备；其次，客户机计算机要设置为自动获取 IP 的方式才能正常获取 DHCP 服务器提供的 IP 地址。

下面学习交换机 DHCP 技术的应用及配置方法，网络拓扑结构图如图 2.3.6 所示。

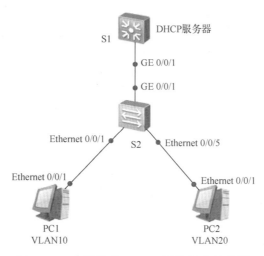

图 2.3.6　交换机的 DHCP 网络拓扑结构图

训练要求

按照图 2.3.6 搭建好网络拓扑结构，对所有的计算机不配置静态 IP 地址，那么网络中所有计算机之间是无法通信的。可以使用计算机的"命令行"工具来查看当前计算机的 IP 配置。查看 IP 地址等配置的命令为 ipconfig。图 2.3.7 所示为在 PC1 上查到的 IP 配置结果。

图 2.3.7　使用 ipconfig 命令查看 PC1 的 IP 配置

（1）添加两台计算机，分别更改标签名为 PC1、PC2。

（2）添加一台 S3700-26C-HI 交换机，标签名为 S2，设置交换机的名称为 S2。

（3）添加一台 S5700-28C-HI 交换机，标签名为 S1，设置交换机的名称为 S1。

（4）开启所有交换机和 PC 的设备电源。

（5）PC1 连 S2 的 Ethernet 0/0/1，PC2 连 S2 的 Ethernet 0/0/5。

（6）交换机 S2 的 GE 0/0/1 连交换机 S1 的 GE 0/0/1。

（7）在 S2 上划分两个 VLAN（VLAN10、VLAN20），并将 GE 0/0/1 端口模式设置为 Trunk 模式，详细参数如表 2.3.3 所示。

表2.3.3 二层交换机的 VLAN 参数

VLAN 编号	端口范围	端口模式
10	1 ~ 4	Access
20	5 ~ 8	Access
	GE 0/0/1	Trunk

（8）在 S1 上划分两个 VLAN（VLAN10、VLAN20），并将 GE 0/0/1 端口模式设置为 Trunk 模式，详细参数如表 2.3.4 所示。

表2.3.4 三层交换机的 VLAN 参数

VLAN 编号	IP 地址
10	192.168.10.254/24
20	192.168.20.254/24

交换机的
DHCP 技术

（9）根据图 2.3.6 所示的网络拓扑结构图，使用直通线连接好所有计算机，并设置两台计算机的 IP 地址为 DHCP 获取方式。

（10）在交换机 S1 上划分两个 VLAN，同时开启 DHCP 服务，使连接在交换机上的不同 VLAN 的计算机获得相应的 IP 地址，最终实现全网互通。

训练步骤

01 交换机的基本配置。

配置二层交换机的名称为 S2，在交换机上划分两个 VLAN：VLAN10 和 VLAN20，并按要求为两个 VLAN 分配端口，具体命令如下：

```
<Huawei>system-view
[Huawei]sysname S2
[S2]vlan batch 10 20
[S2]port-group 1
[S2-port-group-1]group-member Ethernet 0/0/1 to Ethernet 0/0/4
[S2-port-group-1]port link-type access
[S2-Ethernet0/0/1]port link-type access
[S2-Ethernet0/0/2]port link-type access
[S2-Ethernet0/0/3]port link-type access
[S2-Ethernet0/0/4]port link-type access
[S2-port-group-1]port default vlan 10
[S2-Ethernet0/0/1]port default vlan 10
[S2-Ethernet0/0/2]port default vlan 10
[S2-Ethernet0/0/3]port default vlan 10
[S2-Ethernet0/0/4]port default vlan 10
[S2-port-group-1]quit
[S2]port-group 2
[S2-port-group-2]group-member Ethernet 0/0/5 to Ethernet 0/0/8
```

```
[S2-port-group-2]port link-type access
[S2-Ethernet0/0/5]port link-type access
[S2-Ethernet0/0/6]port link-type access
[S2-Ethernet0/0/7]port link-type access
[S2-Ethernet0/0/8]port link-type access
[S2-port-group-2]port default vlan 20
[S2-Ethernet0/0/5]port default vlan 20
[S2-Ethernet0/0/6]port default vlan 20
[S2-Ethernet0/0/7]port default vlan 20
[S2-Ethernet0/0/8]port default vlan 20
[S2-port-group-2]quit
```

配置三层交换机的名称为 S1，在交换机上划分两个 VLAN：VLAN10 和 VLAN20，具体命令如下：

```
<Huawei>system-view
[Huawei]sysname S1
[S1]vlan batch 10 20
```

02 配置交换机端口模式为 Trunk 模式，并允许 VLAN10 和 VLAN20 通过。

配置二层交换机 S2 的 GE 0/0/1 端口，具体命令如下：

```
[S2]interface GigabitEthernet 0/0/1
[S2-GigabitEthernet0/0/1]port link-type trunk
[S2-GigabitEthernet0/0/1]port trunk allow-pass vlan 10 20
```

配置三层交换机 S1 的 GE 0/0/1 端口，具体命令如下：

```
[S1]interface GigabitEthernet 0/0/1
[S1-GigabitEthernet0/0/1]port link-type trunk
[S1-GigabitEthernet0/0/1]port trunk allow-pass vlan 10 20
```

03 开启交换机的 DHCP 功能。

```
[S1]dhcp enable
```

04 配置交换机的 DHCP 服务。

```
[S1]ip pool vlan10                          //创建地址池，名称为 vlan10
[S1-ip-pool-vlan10]network 192.168.10.0 mask 255.255.255.0
                                            //配置可分配的网段范围
[S1-ip-pool-vlan10]gateway-list 192.168.10.254    //配置出口网关地址
[S1-ip-pool-vlan10]lease 5                        //租期为 5 天
[S1-ip-pool-vlan10]dns-list 114.114.114.114    //配置域名服务器地址
[S1-ip-pool-vlan10]quit
[S1]ip pool vlan20
[S1-ip-pool-vlan20]network 192.168.20.0 mask 255.255.255.0
[S1-ip-pool-vlan20]gateway-list 192.168.20.254
[S1-ip-pool-vlan20]lease 5
[S1-ip-pool-vlan20]dns-list 8.8.8.8
[S1-ip-pool-vlan20]quit
```

05 配置 VLAN 的 VLANIF 端口 IP 地址和开启 VLAN 的 VLANIF 端口的 DHCP 功能。

配置交换机上划分的每个 VLAN 的 VLANIF 端口 IP 地址,同时开启 VLAN 的 VLANIF 端口的 DHCP 功能,具体命令如下:

```
[S1]interface Vlanif 10
[S1-Vlanif10]ip add 192.168.10.254 24
[S1-Vlanif10]dhcp select global          //配置设备指定端口采取全局地址
[S1-Vlanif10]quit
[S1]interface Vlanif 20
[S1-Vlanif20]ip add 192.168.20.254 24
[S1-Vlanif20]dhcp select global
[S1-Vlanif20]quit
```

06 设置计算机 DHCP 方式获取 IP 地址。

(1)在 PC1 上右击,在弹出的快捷菜单中选择"设置"命令,打开设置对话框。在"基础配置"选项卡的"IPv4 配置"区域中,选中"DHCP"单选按钮,然后单击对话框右下角的"应用"按钮,如图 2.3.8 所示。

图 2.3.8 PC1 配置界面

(2)单击 PC1 的"命令行"选项卡,在其中输入 ipconfig 命令查看端口的 IP 地址,如图 2.3.9 所示。

图 2.3.9 查看 PC1 的 IP 地址

（3）使用同样的方法，为另一台计算机设置 DHCP 获取 IP 方式，并查看计算机所获取的 IP 信息，最后得到如表 2.3.5 所示的内容。

表 2.3.5　计算机获得的 IP 信息表（1）

计算机	IP 地址	子网掩码	网关	DNS 地址
PC1	192.168.10.253	255.255.255.0	192.168.10.254	114.114.114.114
PC2	192.168.20.253	255.255.255.0	192.168.20.254	8.8.8.8

分析表 2.3.5 可以清楚地看到，两台计算机都获取了 IP 地址、子网掩码、网关及 DNS 地址，而且连接到 VLAN10 的计算机获取的 IP 地址属于 192.168.10.0/24 网段，连接到 VLAN20 的计算机获取 192.168.20.0/24 网段的 IP 地址，实现了本训练的要求。

07 设置保留的 IP。

在开启 DHCP 服务时，通常要保留部分 IP 地址，用于以固定分配方式给服务器或其他网络设备使用。例如，本训练中，交换机两个 VLAN 的端口 IP 属于固定分配，这些作为保留的 IP 就不能以 DHCP 方式分配给其他计算机了。

假如在本训练中，要对 192.168.10.0/24 网段保留前 53 个 IP 留作备用，对 192.168.20.0/24 网段保留前 100 个 IP 留作备用，具体实现命令如下：

```
[S1-ip-pool-vlan10]excluded-ip-address 192.168.10.201 192.168.10.253
[S1-ip-pool-vlan20]excluded-ip-address 192.168.20.154 192.168.20.253
```

添加完以上命令，再次检测计算机获取的 IP 地址。检测的方法可参考第六步，计算机将重新获得 IP 参数。于是，可以得到如表 2.3.6 所示的内容。

表 2.3.6　计算机获得的 IP 信息表（2）

计算机	IP 地址	子网掩码	网关	DNS 地址
PC1	192.168.10.200	255.255.255.0	192.168.10.254	114.114.114.114
PC2	192.168.20.153	255.255.255.0	192.168.20.254	8.8.8.8

从表 2.3.6 可以看到，所有计算机都重新获取了新的 IP 地址，而且它们都是在保留地址以外的 IP 地址，实现了保留 IP 的目的。

08 在每一台计算机中，利用桌面上的"命令提示符"，使用 ping 命令测试与其他计算机的连通性。可以得出结论：当前网络中的所有计算机之间是连通的。

■ 训 练 小 结 ■

交换机开启 DHCP 服务，可以使下连的计算机通过交换机获取 IP 地址、子网掩码、网关和 DNS 服务器地址。当一个网络中计算机的数量庞大时，使用 DHCP 服务，可以很方便地为每台计算机配置好相应的 IP 参数，减少了网络管理员进行 IP 分配的工作量。

交换机的 VRRP 技术

训练描述

VRRP 是一种容错协议，运行于局域网的多台路由器（或三层交换机）上，它将这几台路由器组织成一台"虚拟"路由器，其中一台路由器作为活动路由器（主设备），其余设备作为备份，并不断监控主设备，以便在主设备出现故障时，备份设备能够及时接管数据转发工作，为用户提供透明的切换，提高网络的可靠性。

下面学习交换机 VRRP 技术的应用及配置方法，网络拓扑结构图如图 2.3.10 所示。

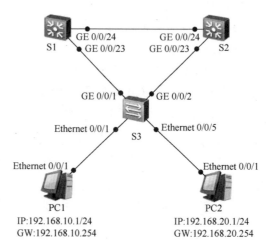

图 2.3.10 交换机 VRRP 技术的网络拓扑结构图

训练要求

按照图 2.3.10 搭建好网络拓扑结构，将多台路由器（三层交换机）组成一个"热备份组"，这个组形成一个虚拟路由器。在任一时刻，一个组内只有一个路由器（三层交换机）是活动的，并由它来转发数据包，如果活动路由器发生了故障，将选择一个备份路由器来替代活动路由器，但是对本网络内的主机来讲，虚拟路由器并没有改变。因此，主机仍然保持连接，不受故障的影响，这样就较好地解决了路由器切换的问题。

（1）添加两台计算机，分别更改标签名为 PC1、PC2。

（2）添加一台二层交换机 S3700-26C-HI，设置标签名为 S3。

（3）添加两台三层交换机 S5700-28C-HI，设置标签名为 S1、S2。

（4）PC1 连交换机 S3 的 Ethernet 0/0/1，PC2 连交换机 S3 的 Ethernet 0/0/5。

（5）交换机 S3 的 GE 0/0/1 连交换机 S1 的 GE 0/0/23，交换机 S3 的 GE 0/0/2 连交换机 S2 的 GE 0/0/23，交换机 S1 的 GE 0/0/24 连交换机 S2 的 GE 0/0/24。

（6）开启所有交换机和 PC 的设备电源。

（7）在 S3 上划分两个 VLAN（VLAN10、VLAN20），并将 GE 0/0/1、GE 0/0/2 端口模式设置为 Trunk 模式，详细参数如表 2.3.7 所示。

表 2.3.7　二层交换机的 VLAN 参数

VLAN 编号	端口	端口模式
10	1～4	Access
20	5～8	Access
	GE 0/0/1	Trunk
	GE 0/0/2	Trunk

（8）在 S1 上划分两个 VLAN（VLAN10、VLAN20），并将 GE 0/0/23、G 0/0/24 端口模式设置为 Trunk 模式，详细参数如表 2.3.8 所示。

表 2.3.8　三层交换机 S1 的 VLAN 参数

VLAN 编号	端口范围	IP 地址/端口模式
10		192.168.10.100/24
20		192.168.20.100/24
	G 0/0/23	Trunk
	G 0/0/24	Trunk

（9）在 S2 上划分两个 VLAN（VLAN10、VLAN20），并将 GE 0/0/23、G 0/0/24 端口模式设置为 Trunk 模式，详细参数如表 2.3.9 所示。

表 2.3.9　三层交换机 S2 的 VLAN 参数

VLAN 编号	端口范围	IP 地址/端口模式
10		192.168.10.200/24
20		192.168.20.200/24
	G 0/0/23	Trunk
	G 0/0/24	Trunk

交换机的
VRRP 技术

（10）根据图 2.3.9 所示的网络拓扑结构图，使用直通线连接好所有计算机，并设置每台计算机的 IP 地址等参数。

（11）在交换机 S1、S2 上配置 VRRP 服务，使连接在二层交换机上的不同 VLAN 的计算机实现透明切换，提高网络的可靠性。

训练步骤

01 交换机的基本配置。

配置二层交换机的名称为 S3，在交换机上划分两个 VLAN：VLAN10 和 VLAN20，并按要求为两个 VLAN 分配端口。具体命令如下：

```
<Huawei>system-view
[Huawei]sysname S3
[S3]vlan batch 10 20
[S3]port-group 1
[S3-port-group-1]group-member Ethernet 0/0/1 to Ethernet 0/0/4
[S3-port-group-1]port link-type access
[S3-Ethernet0/0/1]port link-type access
[S3-Ethernet0/0/2]port link-type access
[S3-Ethernet0/0/3]port link-type access
[S3-Ethernet0/0/4]port link-type access
[S3-port-group-1]port default vlan 10
[S3-Ethernet0/0/1]port default vlan 10
[S3-Ethernet0/0/2]port default vlan 10
[S3-Ethernet0/0/3]port default vlan 10
[S3-Ethernet0/0/4]port default vlan 10
[S3-port-group-1]quit
[S3]port-group 2
[S3-port-group-2]group-member Ethernet 0/0/5 to Ethernet 0/0/8
[S3-port-group-2]port link-type access
[S3-Ethernet0/0/5]port link-type access
[S3-Ethernet0/0/6]port link-type access
[S3-Ethernet0/0/7]port link-type access
[S3-Ethernet0/0/8]port link-type access
[S3-port-group-2]port default vlan 20
[S3-Ethernet0/0/5]port default vlan 20
[S3-Ethernet0/0/6]port default vlan 20
[S3-Ethernet0/0/7]port default vlan 20
[S3-Ethernet0/0/8]port default vlan 20
[S3-port-group-2]quit
```

配置三层交换机的名称为 S1，在交换机上划分两个 VLAN：VLAN10 和 VLAN20。具体命令如下：

```
<Huawei>system-view
[Huawei]sysname S1
[S1]vlan batch 10 20
```

配置三层交换机的名称为 S2，在交换机上划分两个 VLAN：VLAN10 和 VLAN20。具体命令如下：

```
<Huawei>system-view
[Huawei]sysname S2
[S2]vlan batch 10 20
```

02 配置交换机端口为 Trunk，并允许 VLAN10 和 VLAN20 通过。

配置二层交换机 S3 的 GE 0/0/1 端口，具体命令如下：

```
[S3]interface GigabitEthernet 0/0/1
[S3-GigabitEthernet0/0/1]port link-type trunk
[S3-GigabitEthernet0/0/1]port trunk allow-pass vlan 10 20
[S3-GigabitEthernet0/0/1]quit
[S3]interface GigabitEthernet 0/0/2
[S3-GigabitEthernet0/0/2]port link-type trunk
[S3-GigabitEthernet0/0/2]port trunk allow-pass vlan 10 20
[S3-GigabitEthernet0/0/2]quit
```

配置三层交换机 S1 的 GE 0/0/23 和 GE 0/0/24 端口，具体命令如下：

```
[S1]interface GigabitEthernet 0/0/23
[S1-GigabitEthernet0/0/23]port link-type trunk
[S1-GigabitEthernet0/0/23]port trunk allow-pass vlan 10 20
[S1-GigabitEthernet0/0/23]quit
[S1]interface GigabitEthernet 0/0/24
[S1-GigabitEthernet0/0/24]port link-type trunk
[S1-GigabitEthernet0/0/24]port trunk allow-pass vlan 10 20
[S1-GigabitEthernet0/0/24]quit
```

配置三层交换机 S2 的 GE 0/0/23 和 GE 0/0/24 端口，具体命令如下：

```
[S2]interface GigabitEthernet 0/0/23
[S2-GigabitEthernet0/0/23]port link-type trunk
[S2-GigabitEthernet0/0/23]port trunk allow-pass vlan 10 20
[S2-GigabitEthernet0/0/23]quit
[S2]interface GigabitEthernet 0/0/24
[S2-GigabitEthernet0/0/24]port link-type trunk
[S2-GigabitEthernet0/0/24]port trunk allow-pass vlan 10 20
[S2-GigabitEthernet0/0/24]quit
```

03 配置交换机 VLAN 的 VLANIF 端口的 IP 地址。

配置交换机 S1 上划分的每个 VLAN 的 VLANIF 端口的 IP 地址，具体命令如下：

```
[S1]interface vlan
[S1]interface Vlanif 10
[S1-Vlanif10]ip add 192.168.10.100 24
[S1-Vlanif10]quit
[S1]interface Vlanif 20
[S1-Vlanif20]ip add 192.168.20.100 24
[S1-Vlanif20]quit
```

配置交换机 S2 上划分的每个 VLAN 的 VLANIF 端口的 IP 地址，具体命令如下：

```
[S2]interface vlan
[S2]interface Vlanif 10
[S2-Vlanif10]ip add 192.168.10.200 24
```

```
[S2-Vlanif10]quit
[S2]interface Vlanif 20
[S2-Vlanif20]ip add 192.168.20.200 24
[S2-Vlanif20]quit
```

04 配置交换机的 VRRP 服务。

配置三层交换机 S1 的 VRRP 功能,配置交换机上每个 VLAN 的虚拟端口 IP 地址、优先级、抢占模式和延迟时间,具体命令如下:

```
[S1]interface Vlanif 10
[S1-Vlanif10]vrrp vrid 1 virtual-ip 192.168.10.254
//配置虚拟端口 IP 地址
[S1-Vlanif10]vrrp vrid 1 priority 150        //配置优先级
[S1-Vlanif10]vrrp vrid 1 preempt-mode timer delay 5
//配置抢占模式和延迟时间
[S1-Vlanif10]vrrp vrid 1 track interface GigabitEthernet0/0/23
reduced 50  //配置 vrrp 组 1 的检查项 track 端口、出现端口故障时优先级减少 50
[S1-Vlanif10]quit
[S1]interface Vlanif 20
[S1-Vlanif20]vrrp vrid 2 virtual-ip 192.168.20.254
[S1-Vlanif20]vrrp vrid 2 priority 110
[S1-Vlanif20]quit
```

配置三层交换机 S2 的 VRRP 功能,配置交换机上每个 VLAN 的虚拟端口 IP 地址、优先级、抢占模式和延迟时间,具体命令如下:

```
[S2]interface Vlanif 10
[S2-Vlanif10]vrrp vrid 1 virtual-ip 192.168.10.254
[S2-Vlanif10]vrrp vrid 1 priority 110
[S2-Vlanif10]quit
[S2]interface Vlanif 20
[S2-Vlanif20]vrrp vrid 2 virtual-ip 192.168.20.254
[S2-Vlanif20]vrrp vrid 2 priority 150
[S2-Vlanif20]vrrp vrid 2 preempt-mode timer delay 5
[S2-Vlanif20]vrrp vrid 1 track interface GigabitEthernet0/0/23
reduced 50   //配置 vrrp 组 1 的检查项 track 端口、出现端口故障时优先级减少 50
[S2-Vlanif20]quit
```

05 查看交换机的 VRRP 服务。

在交换机 S1 上使用 display vrrp brief 命令,查看当前工作状况。

```
[S1]display vrrp brief
VRID   State         Interface          Type       Virtual IP
--------------------------------------------------------------------
1      Master        Vlanif10           Normal     192.168.10.254
2      Backup        Vlanif20           Normal     192.168.20.254
--------------------------------------------------------------------
Total:2    Master:1    Backup:1    Non-active:0
```

在交换机 S1 上使用 display vrrp 1 命令，查看当前工作状况。

```
[S1]display vrrp 1
  Vlanif10 | Virtual Router 1
    State : Master
    Virtual IP : 192.168.10.254
    Master IP : 192.168.10.100
    PriorityRun : 150
    PriorityConfig : 150
    MasterPriority : 150
    Preempt : YES  Delay Time : 5 s
```

在交换机 S2 上使用 display vrrp brief 命令，查看当前工作状况。

```
[S2]display vrrp brief
VRID  State     Interface         Type      Virtual IP
------------------------------------------------------------
1     Backup    Vlanif10          Normal    192.168.10.254
2     Master    Vlanif20          Normal    192.168.20.254
------------------------------------------------------------
Total:2   Master:1   Backup:1   Non-active:0
```

06 在 PC1 上利用 "命令行" 选项卡，使用 ping 命令和 tracert 命令测试与 PC2 的连通性，如图 2.3.11 所示。

图 2.3.11 在 PC1 上使用 ping 命令和 tracert 命令测试与 PC2 的连通性

07 断开交换机 S3 的右边 GE0/0/1 端口的上连线，验证 PC 的连通性，发现此时有短暂的丢包现象，但又恢复了连通，如图 2.3.12 所示。可以得出结论：当前网络中的所有计算机之间是连通的。

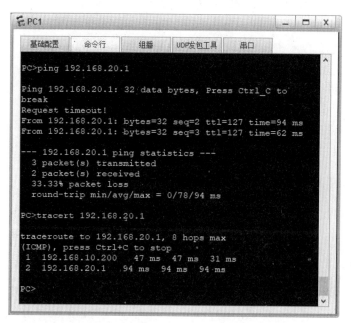

图 2.3.12 在 PC1 上使用 ping 命令和 tracert 命令再次测试与 PC2 的连通性

08 注意交换机 S1 上由 MASTER-> BACKUP 的状态变化。

```
[S1]display vrrp brief
VRID  State    Interface          Type      Virtual IP
--------------------------------------------------------------------
1     Backup   Vlanif10           Normal    192.168.10.254
2     Backup   Vlanif20           Normal    192.168.20.254
--------------------------------------------------------------------
Total:2   Master:0    Backup:2    Non-active:0
```

09 在交换机 S2 上使用 display vrrp 1 和 display vrrp brief 命令，查看当前工作状况，并注意观看 VRRP 的状态变化。

■ 训 练 小 结

交换机开启 VRRP 服务，可以使下连的计算机在链路出现故障、影响正常通行的情况下，仍然保持连接，一旦活动路由器出现故障，VRRP 将激活备份路由器取代活动路由器。为用户实现透明的切换，提高网络的可靠性，较好地解决了路由器切换的问题。

任务四 交换机的路由配置

交换机划分 VLAN 后可以连接多个不同的网络。当然，网络中存在多个交换机互连时，要实现交换机间多个不同网络的通信，则要在交换机上配置路由协议。交换机提供的路由协议包括静态路由协议、路由信息协议（动态路由协议）、开放最短路径优先协议（动态路由协议）等。本任务就以上三种路由协议进行训练配置。

训练1　交换机的静态路由配置。

训练2　交换机的 RIP 动态路由配置。

训练3　交换机的 OSPF 动态路由配置。

训 练 1　交换机的静态路由配置

▌训练描述

　　静态路由是指由网络管理员手动配置路由信息。当网络拓扑结构或链路状态发生变化时，网络管理员需要手动去修改路由表中相关的静态路由信息。静态路由信息在默认情况下是私有的，不会传递给其他路由器。当然，网络管理员也可以通过对路由器进行设置使之共享，称之为路由重分布技术。静态路由一般适用于比较简单的网络环境，在这样的环境中，网络管理员易于清楚地了解网络拓扑结构，便于设置正确的路由信息。

　　使用静态路由的好处是网络安全保密性高。动态路由因为需要路由器之间频繁地交换各自的路由表，而对路由表的分析可以揭示网络拓扑结构和网络地址等信息。因此，出于安全方面的考虑可以采用静态路由。

　　大型和复杂的网络环境通常不宜采用静态路由。一方面，网络管理员难以全面地了解整个网络拓扑结构；另一方面，当网络拓扑结构和链路状态发生变化时，路由器中的静态路由信息需要大范围调整，这一工作的难度和复杂程度非常高。

　　下面利用训练来学习交换机静态路由的配置方法，网络拓扑结构图如图 2.4.1 所示。

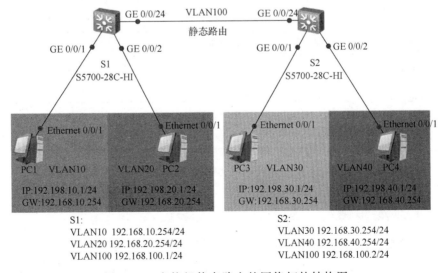

图 2.4.1　交换机静态路由的网络拓扑结构图

■ 训练要求

按照图 2.4.1 连接好每一台计算机，并按表 2.4.2 的要求配置好每台计算机的 IP 地址、子网掩码和网关。由于分配给每台计算机的 IP 地址都不在同一网段，属于不同的网络，因此当前网络中所有计算机之间都是不能通信的。

那么，要实现当前网络的所有计算机能相互通信，就要在两个交换机中分别规划 3 个 VLAN，并配置多个虚拟 VLAN 端口（VLANIF）的 IP 地址来实现，最后使用静态路由实现全网互通，从而实现所有计算机能相互通信。

（1）添加 4 台计算机，分别更改标签名为 PC1～PC4。

（2）添加两台三层交换机 S5700-28C-HI，更改标签名为 S1 和 S2。

（3）开启所有交换机和 PC 的设备电源。

（4）在 S1 和 S2 上分别划分 3 个 VLAN，划分情况如表 2.4.1 所示。

表 2.4.1 交换机 VLAN 划分及 IP 地址设置

交换机名	VLAN 编号	端口	IP 地址
S1	VLAN10	GE 0/0/1	192.168.10.254/24
	VLAN20	GE 0/0/2	192.168.20.254/24
	VLAN100	GE 0/0/24	192.168.100.1/24
S2	VLAN30	GE 0/0/1	192.168.30.254/24
	VLAN40	GE 0/0/2	192.168.40.254/24
	VLAN100	GE 0/0/24	192.168.100.2/24

（5）根据图 2.4.1，交换机之间通过 GE 0/0/24 端口相连，PC1、PC2 分别连接 S1 的 GE 0/0/1 和 GE 0/0/2，PC3、PC4 分别连接 S2 的 GE 0/0/1 和 GE 0/0/2，并按照表 2.4.2 配置所有计算机的 IP 地址、子网掩码和网关。

表 2.4.2 计算机的 IP 地址参数

交换机的
静态路由配置

计算机	IP 地址	子网掩码	网关
PC1	192.168.10.1	255.255.255.0	192.168.10.254
PC2	192.168.20.1	255.255.255.0	192.168.20.254
PC3	192.168.30.1	255.255.255.0	192.168.30.254
PC4	192.168.40.1	255.255.255.0	192.168.40.254

（6）在两台交换机上配置静态路由，实现全网互通。

□ 训练步骤

01 交换机的基本配置。

为两台交换机划分 3 个 VLAN，按要求分配端口，并设置每个虚拟 VLAN 端口

（VLANIF）的 IP 地址。为交换机 S1 做如下配置：

```
<Huawei>system-view
[Huawei]undo info-center enable
[Huawei]sysname S1                      //交换机命名
[S1]vlan batch 10 20 100                //创建 VLAN10、20、100
[S1]interface GigabitEthernet 0/0/1     //分配 VLAN10 的端口
[S1-GigabitEthernet0/0/1]port link-type access
[S1-GigabitEthernet0/0/1]port default vlan 10
[S1-GigabitEthernet0/0/1]quit
[S1]interface GigabitEthernet 0/0/2     //分配 VLAN20 的端口
[S1-GigabitEthernet0/0/2]port link-type access
[S1-GigabitEthernet0/0/2]port default vlan 20
[S1-GigabitEthernet0/0/2]quit
[S1]interface GigabitEthernet 0/0/24    //分配 VLAN100 的端口
[S1-GigabitEthernet0/0/24]port link-type access
[S1-GigabitEthernet0/0/24]port default vlan 100
[S1-GigabitEthernet0/0/24]quit
[S1]interface Vlanif 10                 //配置 VLAN10 的 IP 地址
[S1-Vlanif10]ip address 192.168.10.254 255.255.255.0
[S1-Vlanif10]quit
[S1]interface Vlanif 20                 //配置 VLAN20 的 IP 地址
[S1-Vlanif20]ip address 192.168.20.254 255.255.255.0
[S1-Vlanif20]quit
[S1]interface Vlanif 100                //配置 VLAN100 的 IP 地址
[S1-Vlanif100]ip address 192.168.100.1 255.255.255.0
[S1-Vlanif100]quit
```

使用同样的方法配置交换机 S2，具体配置如下：

```
<Huawei>system-view
[Huawei]undo info-center enable
[Huawei]sysname S2                      //交换机命名
[S2]vlan batch 30 40 100                //创建 VLAN30、40、100
[S2]interface GigabitEthernet 0/0/1     //分配 VLAN30 的端口
[S2-GigabitEthernet0/0/1]port link-type access
[S2-GigabitEthernet0/0/1]port default vlan 30
[S2-GigabitEthernet0/0/1]quit
[S2]interface GigabitEthernet 0/0/2     //分配 VLAN40 的端口
[S2-GigabitEthernet0/0/2]port link-type access
[S2-GigabitEthernet0/0/2]port default vlan 40
[S2-GigabitEthernet0/0/2]quit
[S2]interface GigabitEthernet 0/0/24    //分配 VLAN100 的端口
[S2-GigabitEthernet0/0/24]port link-type access
[S2-GigabitEthernet0/0/24]port default vlan 100
[S2-GigabitEthernet0/0/24]quit
[S2]interface Vlanif 30                 //配置 VLAN30 的 IP 地址
[S2-Vlanif30]ip address 192.168.30.254 255.255.255.0
```

```
[S2-Vlanif30]quit
[S2]interface Vlanif 40                          //配置 VLAN40 的 IP 地址
[S2-Vlanif40]ip address 192.168.40.254 255.255.255.0
[S2-Vlanif40]quit
[S2]interface Vlanif 100                         //配置 VLAN100 的 IP 地址
[S2-Vlanif100]ip address 192.168.100.2 255.255.255.0
[S2-Vlanif100]quit
```

配置好两台交换机后，需要验证网络的运行情况。通过验证不难发现，同一个交换机上的两台计算机是可以相互通信的，但不同交换机上的计算机之间还是不能通信。图 2.4.2 所示为在 PC1 上使用 ping 命令测试与 PC2、PC3 的连通结果。

图 2.4.2　在 PC1 上使用 ping 命令测试与 PC2、PC3 的连通结果

02 配置静态路由，实现全网互通。

添加静态路由的命令为：ip route-static [网络号] [子网掩码] [下一跳地址]。删除静态路由直接在此命令前加上 undo 即可。例如：

添加静态路由：

```
ip route-static 192.168.30.0 255.255.255.0 192.168.100.2
```

删除静态路由：

```
undo ip route-static 192.168.30.0 255.255.255.0 192.168.100.2
```

以交换机 S1 为例，对于交换机 S1 不能直连的网络都要添加静态路由。从本训练的拓扑结构图可以分析得出，交换机 S2 下的 VLAN30 和 VLAN40 的网络，都不是 S1 的直连网络，因此对这两个网络要添加相应的静态路由，其下一跳的地址为交换机相连过去的对端 VLAN 的端口 IP。具体实现方法如下：

```
[S1]ip route-static 192.168.30.0 255.255.255.0 192.168.100.2
```

```
[S1]ip route-static 192.168.40.0 255.255.255.0 192.168.100.2
```

同理，可为交换机 S2 上添加静态路由，命令如下：

```
[S2]ip route-static 192.168.10.0 255.255.255.0 192.168.100.1
[S2]ip route-static 192.168.20.0 255.255.255.0 192.168.100.1
```

03 查看路由表。

至此，交换机的静态路由配置完成，可以通过查看路由表的方法查看配置是否成功。查看路由表是在全局模式下完成的，具体命令为 display ip routing-table。下面是在交换机 S1 上查看到的路由表。

```
[S1]display ip routing-table
Route Flags: R - relay, D - download to fib
------------------------------------------------------------
Routing Tables: Public
          Destinations : 10        Routes : 10
Destination/Mask    Proto    Pre  Cost  Flags NextHop        Interface
127.0.0.0/8         Direct   0    0     D     127.0.0.1      InLoopBack0
127.0.0.1/32        Direct   0    0     D     127.0.0.1      InLoopBack0
192.168.10.0/24     Direct   0    0     D     192.168.10.254 Vlanif10
192.168.10.254/32   Direct   0    0     D     127.0.0.1      Vlanif10
192.168.20.0/24     Direct   0    0     D     192.168.20.254 Vlanif20
192.168.20.254/32   Direct   0    0     D     127.0.0.1      Vlanif20
192.168.30.0/24     Static   60   0     RD    192.168.100.2  Vlanif100
192.168.40.0/24     Static   60   0     RD    192.168.100.2  Vlanif100
192.168.100.0/24    Direct   0    0     D     192.168.100.1  Vlanif100
192.168.100.1/32    Direct   0    0     D     127.0.0.1      Vlanif100
```

04 验证本训练的静态路由配置是否成功，可以再次在 PC1 上使用 ping 命令测试与 PC3 的连通性。在测试时会发现，刚开始是不通的，后来全通了，原因是交换机静态路由有个生效过程，如图 2.4.3 所示。同理，可以测试其他的计算机，最终可以得出结论，当前网络中所有计算机之间是相互连通的，即实现了全网互通。

图 2.4.3　在 PC1 上使用 ping 命令测试与 PC3 的连通结果

▌训 练 小 结

当一个网络上存在两个或多个交换机，且交换机上划分了多个不同的 VLAN，每个 VLAN 所连的网络都不相同时，要想实现全网互通，可以通过添加静态路由的方法来实现。

添加静态路由要注意以下几点。

（1）目的网络是本交换机不直连的网络。

（2）下一跳地址为交换机互连的 VLAN 端口 IP 地址。

（3）所有计算机均要配置相应的网关。

训 练 2 交换机的 RIP 动态路由配置

▌训练描述

路由信息协议（routing information protocol，RIP）是一种动态路由选择协议，它是基于距离矢量（distance vector，D-V）算法，总是按最短的路由做出相应的选择。这种协议的网络设备只关心自己周围的世界，只与自己相邻的路由器交换信息，范围限制在 15 跳（15 度）之内。RIP 应用于 OSI 网络标准模型中的网络层。

RIP 是典型的距离矢量路由协议，交换机开启了 RIP 后，会对外发送 RIP 的广播报文，报文信息来自本地路由表，只有当对方设备也开启了 RIP，两台设备才能相互学习，知道对方连接了什么网络，从而更新自身的路由表，从而实现信息的寻址和转发功能。

下面利用训练来学习交换机 RIP 动态路由的配置方法，网络拓扑结构图如图 2.4.4 所示。

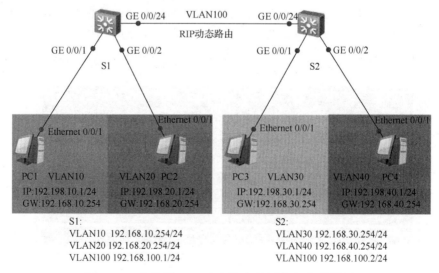

图 2.4.4 交换机 RIP 动态路由的网络拓扑结构图

■ 训练要求

本训练采用配置多个虚拟 VLAN 端口（VLANIF）的形式来实现，和训练 1 实现的结果是一样的。当前网络中所有计算机之间是不能通信的。

本训练的主要内容是对交换机配置 RIP 动态路由以实现全网互通。重点掌握交换机 RIP 动态路由的配置方法，理解 RIP 动态路由的工作方式。

（1）添加 4 台计算机，分别更改标签名为 PC1～PC4。

（2）添加两台三层交换机 S5700-28C-HI，更改标签名为 S1 和 S2。

（3）开启所有交换机和 PC 的设备电源。

（4）在 S1 和 S2 上分别划分 3 个 VLAN，划分情况如表 2.4.3 所示。

表 2.4.3　交换机 VLAN 划分及 IP 地址设置

交换机名	VLAN 编号	端口	IP 地址
S1	VLAN10	GE 0/0/1	192.168.10.254/24
	VLAN20	GE 0/0/2	192.168.20.254/24
	VLAN100	GE 0/0/24	192.168.100.1/24
S2	VLAN30	GE 0/0/1	192.168.30.254/24
	VLAN40	GE 0/0/2	192.168.40.254/24
	VLAN100	GE 0/0/24	192.168.100.2/24

（5）根据图 2.4.4，交换机之间通过 GE 0/0/24 相连，PC1、PC2 分别连接 S1 的 GE 0/0/1 和 GE 0/0/2，PC3、PC4 分别连接 S2 的 GE 0/0/1 和 GE 0/0/2，并根据表 2.4.4 配置所有计算机的 IP 地址、子网掩码和网关。

表 2.4.4　计算机的 IP 地址参数

交换机的 RIP
动态路由配置

计算机	IP 地址	子网掩码	网关
PC1	192.168.10.1	255.255.255.0	192.168.10.254
PC2	192.168.20.1	255.255.255.0	192.168.20.254
PC3	192.168.30.1	255.255.255.0	192.168.30.254
PC4	192.168.40.1	255.255.255.0	192.168.40.254

（6）在两台交换机上配置 RIP 动态路由，实现全网互通。

□ 训练步骤

01 交换机的基本配置。

为两台交换机划分 3 个 VLAN，按要求分配端口，并设置每个虚拟 VLAN 端口（VLANIF）的 IP 地址。为交换机 S1 做如下配置：

```
<Huawei>system-view
```

```
[Huawei]undo info-center enable
[Huawei]sysname S1                              //交换机命名
[S1]vlan batch 10 20 100                        //创建 VLAN10、20、100
[S1]interface GigabitEthernet 0/0/1             //分配 VLAN10 的端口
[S1-GigabitEthernet0/0/1]port link-type access
[S1-GigabitEthernet0/0/1]port default vlan 10
[S1-GigabitEthernet0/0/1]quit
[S1]interface GigabitEthernet 0/0/2             //分配 VLAN20 的端口
[S1-GigabitEthernet0/0/2]port link-type access
[S1-GigabitEthernet0/0/2]port default vlan 20
[S1-GigabitEthernet0/0/2]quit
[S1]interface GigabitEthernet 0/0/24            //分配 VLAN100 的端口
[S1-GigabitEthernet0/0/24]port link-type access
[S1-GigabitEthernet0/0/24]port default vlan 100
[S1-GigabitEthernet0/0/24]quit
[S1]interface Vlanif 10                          //配置 VLAN10 的 IP 地址
[S1-Vlanif10]ip address 192.168.10.254 255.255.255.0
[S1-Vlanif10]quit
[S1]interface Vlanif 20                          //配置 VLAN20 的 IP 地址
[S1-Vlanif20]ip address 192.168.20.254 255.255.255.0
[S1-Vlanif20]quit
[S1]interface Vlanif 100                         //配置 VLAN100 的 IP 地址
[S1-Vlanif100]ip address 192.168.100.1 255.255.255.0
[S1-Vlanif100]quit
```

使用同样的方法配置交换机 S2，具体配置如下：

```
<Huawei>system-view
[Huawei]undo info-center enable
[Huawei]sysname S2                              //为交换机命名
[S2]vlan batch 30 40 100                        //创建 VLAN30、40、100
[S2]interface GigabitEthernet 0/0/1             //分配 VLAN30 的端口
[S2-GigabitEthernet0/0/1]port link-type access
[S2-GigabitEthernet0/0/1]port default vlan 30
[S2-GigabitEthernet0/0/1]quit
[S2]interface GigabitEthernet 0/0/2             //分配 VLAN40 的端口
[S2-GigabitEthernet0/0/2]port link-type access
[S2-GigabitEthernet0/0/2]port default vlan 40
[S2-GigabitEthernet0/0/2]quit
[S2]interface GigabitEthernet 0/0/24            //分配 VLAN100 的端口
[S2-GigabitEthernet0/0/24]port link-type access
[S2-GigabitEthernet0/0/24]port default vlan 100
[S2-GigabitEthernet0/0/24]quit
[S2]interface Vlanif 30                          //配置 VLAN30 的 IP 地址
[S2-Vlanif30]ip address 192.168.30.254 255.255.255.0
[S2-Vlanif30]quit
[S2]interface Vlanif 40                          //配置 VLAN40 的 IP 地址
```

```
[S2-Vlanif40]ip address 192.168.40.254 255.255.255.0
[S2-Vlanif40]quit
[S2]interface Vlanif 100                    //配置 VLAN100 的 IP 地址
[S2-Vlanif100]ip address 192.168.100.2 255.255.255.0
[S2-Vlanif100]quit
```

配置好两台交换机后，需要验证网络的运行情况。通过验证不难发现，同一个交换机上的两台计算机是可以相互通信的，但不同交换机上的计算机之间还是不能通信。图 2.4.5 所示为在 PC1 上使用 ping 命令测试与 PC2、PC3 的连通结果。

图 2.4.5　在 PC1 上使用 ping 命令测试与 PC2、PC3 的连通结果

02 配置 RIP 动态路由，实现全网互通。

目前，RIP 主要有两个版本，Version 1 和 Version 2，它们的添加方法类似。目前比较流行使用 RIP Version 2 的版本。

Version 1 的命令：

```
[S1]rip 1                              //开启 RIP
[S1-rip-1]version 1                    //使用 Version 1 版本的 RIP
[S1-rip-1]network 192.168.10.0         //宣告直连网段
[S1-rip-1]quit
[S1]undo rip 1                         //删除 RIP 所有配置
Warning: The RIP process will be deleted. Continue?[Y/N]y
[S1]
```

Version 2 的命令：

```
[S1]rip 1                              //开启 RIP
[S1-rip-1]version 2                    //使用 Version 2 版本的 RIP
[S1-rip-1]network 192.168.10.0         //宣告直连网段
```

如果要使用 RIP 去实现网络互连,那么互连的两个设备必须开启同一个版本的 RIP;否则,设备之间不能相互学习。在本训练中采用 Version 2 的版本进行配置。

以本训练的交换机 S1 为例,开启了 RIP 后,只要宣告本地的直连路由即可。首先,在特权模式下使用 show ip route 命令查看本地的直连路由信息:

```
[S1]display ip routing-table
Route Flags: R - relay, D - download to fib
--------------------------------------------------------------------
Routing Tables: Public
         Destinations : 8        Routes : 8
Destination/Mask     Proto    Pre Cost  Flags NextHop         Interface
127.0.0.0/8          Direct   0   0     D     127.0.0.1       InLoopBack0
127.0.0.1/32         Direct   0   0     D     127.0.0.1       InLoopBack0
192.168.10.0/24      Direct   0   0     D     192.168.10.254  Vlanif10
192.168.10.254/32    Direct   0   0     D     127.0.0.1       Vlanif10
192.168.20.0/24      Direct   0   0     D     192.168.20.254  Vlanif20
192.168.20.254/32    Direct   0   0     D     127.0.0.1       Vlanif20
192.168.100.0/24     Direct   0   0     D     192.168.100.1   Vlanif100
192.168.100.1/32     Direct   0   0     D     127.0.0.1       Vlanif100
```

通过查看可以了解到,目前本地的路由表上只有 3 个直连网络,那么在配置 RIP 时,只需要宣告这 3 个网络即可。因此,在交换机 S1 上添加如下配置命令:

```
[S1]rip 1
[S1-rip-1]version 2
[S1-rip-1]network 192.168.10.0
[S1-rip-1]network 192.168.20.0
[S1-rip-1]network 192.168.100.0
```

同理,在交换机 S2 上添加如下配置命令:

```
[S2]rip 1
[S2-rip-1]version 2
[S2-rip-1]network 192.168.30.0
[S2-rip-1]network 192.168.40.0
[S2-rip-1]network 192.168.100.0
```

03 查看路由表信息。

交换机开启 RIP 后,交换机之间就会相互学习,并对自身的路由表进行自动更新,因此等待几秒钟,就可以在任一台交换机上查看路由表,这时可以发现路由表中 Proto 项多了 RIP 路由信息,这些 RIP 的路由信息就是交换机通过 RIP 学习到的对方的路由表信息。以下是在交换机 S1 上查看到的路由表信息:

```
[S1]display ip routing-table
Route Flags: R - relay, D - download to fib
--------------------------------------------------------------------
Routing Tables: Public
```

```
               Destinations : 10        Routes : 10

Destination/Mask      Proto    Pre Cost Flags  NextHop         Interface
127.0.0.0/8           Direct   0   0    D      127.0.0.1       InLoopBack0
127.0.0.1/32          Direct   0   0    D      127.0.0.1       InLoopBack0
192.168.10.0/24       Direct   0   0    D      192.168.10.254  Vlanif10
192.168.10.254/32     Direct   0   0    D      127.0.0.1       Vlanif10
192.168.20.0/24       Direct   0   0    D      192.168.20.254  Vlanif20
192.168.20.254/32     Direct   0   0    D      127.0.0.1       Vlanif20
192.168.30.0/24       RIP      100 1    D      192.168.100.2   Vlanif100
192.168.40.0/24       RIP      100 1    D      192.168.100.2   Vlanif100
192.168.100.0/24      Direct   0   0    D      192.168.100.1   Vlanif100
192.168.100.1/32      Direct   0   0    D      127.0.0.1       Vlanif100
```

04 验证方法可采取本任务训练 1 中的验证方法，得到的结果是一致的。因此，可以得出结论，在交换机上配置 RIP，同样可以实现全网互通，而且 RIP 的配置方法比静态路由配置更加简单快捷，而且不容易出错，维护也更加方便。

■ 训 练 小 结

交换机配置 RIP 要注意以下几点。
（1）互连的交换机都必须先开启 RIP。
（2）互连的交换机必须启用同一版本的 RIP。
（3）对 RIP 宣告网络时要添加交换机的所有直连网络。

训练 3 交换机的 OSPF 动态路由配置

■ 训练描述

OSPF（open shortest path first，开放最短路径优先）协议是一个内部网关协议（interior gateway protocol，IGP），用于在单一自治系统（autonomous system，AS）内决策路由。与 RIP 相比较，OSPF 是链路状态路由协议，而 RIP 是距离矢量路由协议。

链路是路由器端口的另一种说法，因此 OSPF 也称为端口状态路由协议。OSPF 通过路由器之间通告网络端口的状态来建立链路状态数据库，生成最短路径树，每个 OSPF 路由器使用这些最短路径构造路由表。OSPF 协议不仅能计算两个网络节点之间的最短路径，而且能计算通信费用，可根据网络用户的要求来平衡费用和性能，以选择相应的路由。

下面利用训练来学习交换机 OSPF 动态路由的配置方法，网络拓扑结构图如图 2.4.6 所示。

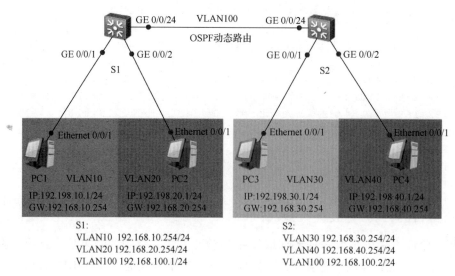

S1:
VLAN10 192.168.10.254/24
VLAN20 192.168.20.254/24
VLAN100 192.168.100.1/24

S2:
VLAN30 192.168.30.254/24
VLAN40 192.168.40.254/24
VLAN100 192.168.100.2/24

图 2.4.6 交换机 OSPF 动态路由的网络拓扑结构图

▌ 训练要求

　　由于本训练采用与本任务训练 2 同样的拓扑结构图及 IP 设置，因此可以采用同样的方法进行初始化验证，得到的结果是一样的，当前网络中所有计算机之间是不能通信的。

　　本训练的主要内容是对交换机配置 OSPF 动态路由以实现全网互通。重点掌握交换机 OSPF 动态路由的配置方法，理解 OSPF 动态路由的工作方式。

　　（1）添加 4 台计算机，分别更改标签名为 PC1～PC4。

　　（2）添加两台三层交换机 S5700-28C-HI，更改标签名为 S1 和 S2。

　　（3）开启所有交换机和 PC 的设备电源。

　　（4）在 S1 和 S2 上分别划分 3 个 VLAN，划分情况如表 2.4.5 所示。

表 2.4.5 交换机 VLAN 划分及 IP 地址设置

交换机名	VLAN 编号	端口	IP 地址
S1	VLAN10	GE 0/0/1	192.168.10.254/24
	VLAN20	GE 0/0/2	192.168.20.254/24
	VLAN100	GE 0/0/24	192.168.100.1/24
S2	VLAN30	GE 0/0/1	192.168.30.254/24
	VLAN40	GE 0/0/2	192.168.40.254/24
	VLAN100	GE 0/0/24	192.168.100.2/24

　　（5）根据图 2.4.6，交换机之间通过 GE 0/0/24 相连，PC1、PC2 分别连接 S1 的 GE 0/0/1 和 GE 0/0/2，PC3、PC4 分别连接 S2 的 GE 0/0/1 和 GE 0/0/2，并根据表 2.4.6 配置所有计算机的 IP 地址、子网掩码和网关。

表 2.4.6　计算机的 IP 地址参数

计算机	IP 地址	子网掩码	网关
PC1	192.168.10.1	255.255.255.0	192.168.10.254
PC2	192.168.20.1	255.255.255.0	192.168.20.254
PC3	192.168.30.1	255.255.255.0	192.168.30.254
PC4	192.168.40.1	255.255.255.0	192.168.40.254

交换机的 OSPF
动态路由配置

（6）在两台交换机上配置 OSPF 动态路由，实现全网互通。

训练步骤

01 交换机的基本配置。

交换机的基本配置可以参照本任务训练 2 的配置过程，分别配置好交换机 S1 和 S2 的 3 个 VLAN，按要求分配端口，并设置每个虚拟 VLAN 端口（VLANIF）的 IP 地址。请读者自行参照配置，在此不再赘述。

02 配置 OSPF 动态路由，实现全网互通。

交换机使用 OSPF 协议进行互连，与使用 RIP 一样，互连的两个交换机之间都必须运行 OSPF 协议才能相互学习。

OSPF 的添加方法如下。

开启 OFPF：

```
ospf [进程号] (1~65535)
```

定义所属区域：

```
area <区域编号>(0~4294967295)
```

宣告直连网络：

```
network [网络号] [掩码]
```

在使用 OSPF 协议宣告网络的时候跟 RIP 一样，可以将所有的直连网络都宣告在 OSPF 协议中。由于 OPSF 协议是分区域管理的，在没有要求区域划分时，可以把所有网络都归属于 area 0。以本训练中的交换机 S1 为例，其有 3 个直连网络，都把它们宣告一下，具体实现方法如下：

```
[S1]ospf 1                     //进入 OSPF，1 表示进程号，默认为 1
[S1-ospf-1]area 0              //指定骨干区域 0
[S1-ospf-1-area-0.0.0.0]network 192.168.10.0 0.0.0.255
                               //通告直连网段
[S1-ospf-1-area-0.0.0.0]network 192.168.20.0 0.0.0.255
                               //通告直连网段
[S1-ospf-1-area-0.0.0.0]network 192.168.100.0 0.0.0.255
                               //通告直连网段
```

```
[S1-ospf-1-area-0.0.0.0]return
```

同理，在交换机 S2 中用同样的方法添加 OSPF 配置：

```
[S2]ospf 1
[S2-ospf-1]area 0
[S2-ospf-1-area-0.0.0.0]network 192.168.30.0 0.0.0.255
[S2-ospf-1-area-0.0.0.0]network 192.168.40.0 0.0.0.255
[S2-ospf-1-area-0.0.0.0]network 192.168.100.0 0.0.0.255
[S2-ospf-1-area-0.0.0.0]return
```

03 查看路由表信息。

交换机开启 OSPF 协议后，交换机之间会相互交换路由表信息，并对自身的路由表进行自动更新，因此要等待一段时间，然后在任一台交换机上查看路由表，这时可以发现路由表中 Proto 项多了 OSPF 路由信息，这些 OSPF 的路由信息就是交换机通过 OSPF 学习到的对方的路由表信息。下面是在交换机 S2 上查看到的路由表信息：

```
[S2]display ip routing-table
Route Flags: R - relay, D - download to fib
------------------------------------------------------------------
    Routing Tables: Public
            Destinations : 10       Routes : 10
Destination/Mask    Proto   Pre  Cost    Flags NextHop         Interface
127.0.0.0/8         Direct  0    0       D     127.0.0.1       InLoopBack0
127.0.0.1/32        Direct  0    0       D     127.0.0.1       InLoopBack0
192.168.10.0/24     OSPF    10   2       D     192.168.100.1   Vlanif100
192.168.20.0/24     OSPF    10   2       D     192.168.100.1   Vlanif100
192.168.30.0/24     Direct  0    0       D     192.168.30.254  Vlanif30
192.168.30.254/32   Direct  0    0       D     127.0.0.1       Vlanif30
192.168.40.0/24     Direct  0    0       D     192.168.40.254  Vlanif40
192.168.40.254/32   Direct  0    0       D     127.0.0.1       Vlanif40
192.168.100.0/24    Direct  0    0       D     192.168.100.2   Vlanif100
192.168.100.2/32    Direct  0    0       D     127.0.0.1       Vlanif100
```

04 验证方法可采取本任务训练 1 的验证方法，得到的结果是一致的。因此，可以得出结论，在交换机上配置 OSPF 动态路由，同样可以实现全网互通。添加 OSPF 协议与 RIP 一样，维护起来都比使用静态路由简单方便得多，而且 OSPF 协议比 RIP 更适合于大型的、复杂的网络。

▌训练小结

在配置和使用 OSPF 协议时，可能会由于物理连接、配置错误等原因导致 OSPF 协议未能正常运行。因此，在配置 OSPF 时需注意以下几点。

（1）先启动 OSPF 协议。

（2）在相应端口配置所属 OSPF 区域。

（3）注意 OSPF.骨干区域（0 域）必须保证是连续的；所有非 0 域只能通过 0 域与其他非 0 域相连，不允许非 0 域直接相连。

兴 趣 拓 展

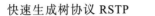

快速生成树协议 RSTP　　　　多生成树协议 MSTP

项目三　路由器的配置

项目说明

作为一名网络工程师，不仅要掌握交换机的基本配置，还要掌握路由器的命令行操作来实现设备的管理。交换机是工作在数据链路层的设备，路由器是工作在网络层的设备。在工作中，对路由器较常用的操作命令就是给端口 IP 地址的配置以及对静态路由协议、RIP 动态路由协议、OPSF 动态路由协议、路由重发布的配置。因此，本项目重点学习静态和动态路由协议的配置。

知识目标

1. 能理解单臂路由的原理和应用场景。
2. 能理解 HDLC、PPP 及 PAP、CHAP 认证的原理和应用场景。
3. 能理解静态路由、RIP、OSPF、路由重分布的原理和应用场景。

技能目标

1. 能进行路由器的基本配置。
2. 能进行路由器的 HDLC、PPP 配置与 CHAP、PAP 认证。
3. 能正确配置静态路由、动态路由和路由重分布。

素质目标

1. 让学生认识到中国已建成全球最大的 5G 网络，形成中国自信、爱国情怀和民族自豪感。
2. 在实训中，使学生形成精益求精的工匠精神、攻坚克难的合作意识和脚踏实地的职业道德修养。

思政案例三

路由器的基本设置

1．路由器是做什么的？

路由器（router）是用来创建或者连接多个不同网络的设备，它可以实现对不同网络之间的数据包进行存储和分组转发。简单来说，路由器可以理解为网络分发工具。

从严格意义上讲，虽然路由器是广域网设备，但是作为局域网实现与其他网络和因特网（Internet）互连的必需设备，也往往被归类于局域网设备之列。

2．路由器有什么功能？

路由器，顾名思义，它是一种智能选择数据传输路由的设备。路由器的端口数量虽然较少，但是种类却非常丰富，可以满足各种类型网络接入的需要。华为 AR2220-S 路由器的外观如图 3.1.1 所示。

图 3.1.1　华为 AR2220-S 路由器

3．路由器的工作原理是什么？

路由器工作于 OSI 参考模型的网络层（即第三层）。路由器通常拥有多个网络端口，分别连接至局域网络（称为局域网端口）和广域网络（称为广域网端口）。每个网络端口分别连接至不同的网络，并分别配置有所连接网络的 IP 地址信息。同时，路由器还维护着一张路由表，记录网络地址与网络端口的对应关系。

4．路由器的基本设置有哪些？

首先，需要学会路由器的基本设置方法；其次，要掌握路由器的基本配置；最后，要掌握单臂路由的配置。

本任务重点学习路由器的基本设置，分为以下三个训练进行学习。

训练 1　模拟器中路由器的基本设置。

训练 2　路由器的基本配置。

训练 3　单臂路由的配置。

训　练 1 　**模拟器中路由器的基本设置**

■ **训练描述**

某公司因为网络升级购买了华为的路由器。网络管理员需要初步了解一下路由器。下面用一个训练来学习路由器的基本设置。

▋ 训练要求

本训练需要实现的是对一台路由器进行基本配置并初步掌握其使用方法。需要华为的 eNSP 软件，软件界面如图 3.1.2 所示。

（1）添加一台 AR2220 路由器。

（2）查看路由设备。

（3）启动路由设备。

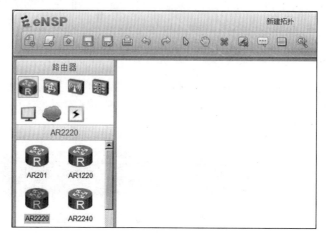

模拟器中路由器的基本设置

图 3.1.2　华为 eNSP 界面

🗔 训练步骤

01 新建拓扑。

单击"新建拓扑"图标开始建立工程，如图 3.1.3 所示。

图 3.1.3　新建拓扑

02 新建路由器 AR2220，如图 3.1.4 所示。

在左侧路由器列表中，拖动路由 AR2220 到右侧空白区域，即可看到新建的路由器 AR1（对应刚才拖动的 AR2220）。

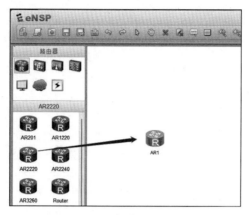

图 3.1.4　新建路由器 AR2220

03 查看设备模块。

在对应设备的图标上右击，然后在弹出的快捷菜单中选择"设置"命令，如图 3.1.5 所示。接着就可以看到设备的具体物理构造，如图 3.1.6 所示。

图 3.1.5　进入"设置"界面　　　图 3.1.6　通过视图观察设备或操作模块

04 启动路由器。

有三种启动路由器的方法，具体如下（其他设备的启动方法类似）。

方法一：不需要选中拓扑区域中的路由器 AR1，仅仅需要在工具栏上单击"开启设备"图标，即可启动，如图 3.1.7 所示。

方法二：在拓扑区域中的路由器 AR1 上右击，在弹出的快捷菜单中选择"启动"命令，即可启动，如图 3.1.8 所示。

方法三：参考图 3.1.5 进入路由器 AR1 的设置界面，然后单击"开启设备"图标，即可启动，如图 3.1.9 所示。

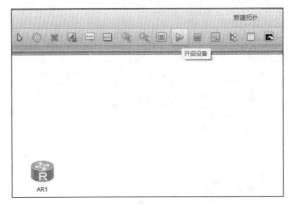

图 3.1.7　单击"开启设备"图标启动路由器

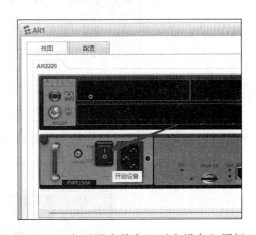

图 3.1.8　在设备上右击"启动"　　　图 3.1.9　在视图中单击"开启设备"图标

05　训练测试。

设备开启后，等待一分钟左右，就可以开始配置路由器了，配置界面如图 3.1.10 所示。

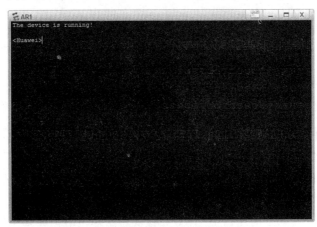

图 3.1.10　路由器 AR2220 的配置界面

▌训练小结

（1）通过 eNSP 找到路由器。
（2）了解了路由器的外观以及基本构造。
（3）能够启动模拟器中的路由器。

训练 2 路由器的基本配置

▌训练描述

网络管理员需要进一步了解路由器的基本配置，并进行简单的路由互连互通。

下面用一个训练来学习对路由器进行基本设置，网络拓扑结构图如图 3.1.11 所示。

图 3.1.11 路由器基本配置网络拓扑结构图

▌训练要求

（1）绘制网络拓扑结构图，含两台 AR2220 路由器。
（2）自行连线。
（3）进行简单的设备调试。

本训练需要实现的是对两台路由器开始基本配置和使用基础命令配置设备。

首先，选择路由器，进入系统视图，如图 3.1.12 所示。建议选择 AR2220 路由器，因为该路由器端口比较丰富。启动路由器，双击打开，等待半分钟左右进入<Huawei>命令行界面。进入系统视图之前是小括号，进入系统视图之后是方括号。隔一段时间没操作会退出系统视图，需要重新进入。要对设备操作的前提就是进入系统视图。进入命令行后，输入的第一条命令是 system-view，即进入系统视图。输入这条命令后，才能对设备进行配置。

图 3.1.12 进入系统视图

然后，选择连接线，将路由器连接，如果选择 Auto 会自动连接两个路由器端口，这里建议选择 Copper 接线类型。路由器互连后会自动显示端口信息，同时显示的还有路由器互连的端口，如图 3.1.13 所示。

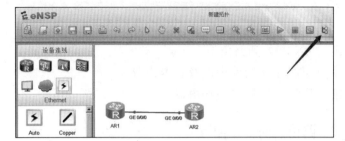

路由器的
基本配置

图 3.1.13　显示互连端口

训练步骤

01 进入路由器 AR1 端口，配置端口 IP。

```
<Huawei>system-view
[Huawei]interface GigabitEthernet 0/0/0
[Huawei-GigabitEthernet0/0/0]ip address 192.168.1.1 24
[Huawei-GigabitEthernet0/0/0]quit
[Huawei]quit
<Huawei>
```

02 进入路由器 AR2 端口，配置端口 IP。

```
<Huawei>system-view
[Huawei]interface GigabitEthernet 0/0/0
[Huawei-GigabitEthernet0/0/0]ip address 192.168.1.2 24
[Huawei-GigabitEthernet0/0/0]quit
[Huawei]quit
<Huawei>
```

需要特别注意的是：AR1 与 AR2 的配置命令是类似的，类似的命令多次执行，使用复制粘贴的方式会更方便。在此训练中若复制 AR1 的命令用于 AR2 时，要注意修改对应的参数，做到一改全改。

03 启动设备通过 AR1 ping AR2 的端口 IP。

```
<Huawei>ping 192.168.1.2
  PING 192.168.1.2: 56  data bytes, press CTRL_C to break
    Reply from 192.168.1.2: bytes=56 Sequence=1 ttl=255 time=30 ms
    Reply from 192.168.1.2: bytes=56 Sequence=2 ttl=255 time=10 ms
    Reply from 192.168.1.2: bytes=56 Sequence=3 ttl=255 time=20 ms
    Reply from 192.168.1.2: bytes=56 Sequence=4 ttl=255 time=10 ms

  --- 192.168.1.2 ping statistics ---
  4 packet(s) transmitted
```

```
    4 packet(s) received
    0.00% packet loss
    round-trip min/avg/max = 10/17/30 ms

<Huawei>
```

04 优化配置窗口。

单击图 3.1.14 中右上角的图标，可以使得多个配置窗口集中显示在一个窗口。

```
<Huawei>system-view
[Huawei]interface GigabitEthernet 0/0/0
[Huawei-GigabitEthernet0/0/0]ip address 192.168.1.2 24
```

05 训练测试。

启动设备通过 AR1 ping AR2 的端口 IP，已测试两个路由器是否互连成功，如图 3.1.14 所示。

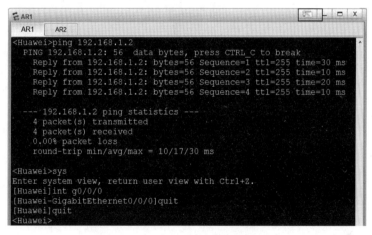

图 3.1.14　AR1 ping AR2 的端口 IP

训 练 小 结

（1）进入端口的方法。

interface 命令：interface 端口名。

例如，进入 GE 端口的 0/0/0 端口：interface GigabitEthernet 0/0/0 可简写成：int g0/0/0。

（2）配置端口 IP 的方法。

ip address 命令：ip address ip 地址　子网掩码。

注意：记得空格。

例如，ip address 192.168.1.1 255.255.255.0 可简写成：ip add 192.168.1.1 24。

（3）给端口配置 IP 的前提是进入了该端口。

（4）路由器的 IP 地址就是 PC 的网关。

训 练 3 单臂路由的配置

▋ 训练描述

为了信息安全的需要,某公司将不同的部门划分到不同的虚拟局域网(VLAN)中。由于该公司尚处于起步阶段,规模很小。因此,考虑购买一台 AR2220 路由器和一台 S5700 交换机,同时配置时考虑划分两个虚拟局域网(VLAN10 和 VLAN20)。

下面用一个训练来学习对路由器进行基本设置,网络拓扑结构图如图 3.1.15 所示。

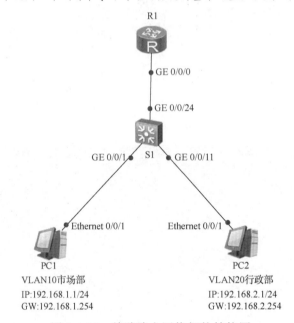

图 3.1.15　单臂路由网络拓扑结构图

▋ 训练要求

(1)绘制网络拓扑结构图,含一台 AR2220、一台 S5700、两台 PC 机。

(2)对照拓扑图进行连线。

(3)配置单臂路由。

本训练需要实现路由器的子网划分、交换机的虚拟局域网的划分、PC 的 IP 设置、网关设置等。其中,PC1 属于 VLAN10,PC2 属于 VLAN20,PC1 和 PC2 通过路由器提供的单臂路由进行通信。

单臂路由
的配置

▢ 训练步骤

01 交换机配置。

(1)切换视图。

```
<Huawei>system-view
Enter system view, return user view with Ctrl+Z.
```

（2）创建 VLAN。

```
[Huawei]vlan 10
```

（3）配置 VLAN 10 的描述，同时创建 VLAN 20 并配置描述。

```
[Huawei-vlan10]description sc
[Huawei-vlan10]vlan 20
[Huawei-vlan20]description xz
```

（4）划分对应的端口到指定的 VLAN。

```
[Huawei]interface GigabitEthernet 0/0/1
[Huawei-GigabitEthernet0/0/1]port link-type access
[Huawei-GigabitEthernet0/0/1]port default vlan 10
[Huawei-GigabitEthernet0/0/1]quit
[Huawei]interface GigabitEthernet 0/0/11
[Huawei-GigabitEthernet0/0/11]port link-type access
[Huawei-GigabitEthernet0/0/11]port default vlan 20
```

（5）配置交换机与路由器互连的端口，仅允许 VLAN10 与 VLAN20 的流量通过。

```
[Huawei]interface GigabitEthernet 0/0/24
[Huawei-GigabitEthernet0/0/24]port link-type trunk
[Huawei-GigabitEthernet0/0/24]port trunk allow-pass vlan 10 20
```

02 路由器配置。

（1）切换视图。

```
<Huawei>system-view
```

（2）配置路由器的子端口及其 IP。

```
[Huawei]interface GigabitEthernet 0/0/0.10
[Huawei-GigabitEthernet0/0/0.10]ip address 192.168.1.254 24
[Huawei-GigabitEthernet0/0/0.10]interface GigabitEthernet 0/0/0.20
[Huawei-GigabitEthernet0/0/0.20]ip address 192.168.2.254 24
```

（3）配置路由器子端口封装 VLAN。

```
[Huawei]interface GigabitEthernet 0/0/0.10
[Huawei-GigabitEthernet0/0/0.10]dot1q termination vid 10
[Huawei-GigabitEthernet0/0/0.10]arp broadcast enable
[Huawei-GigabitEthernet0/0/0.10]quit
[Huawei]interface GigabitEthernet 0/0/0.20
[Huawei-GigabitEthernet0/0/0.20]dot1q termination vid 20
[Huawei-GigabitEthernet0/0/0.20]arp broadcast enable
```

03 分别在交换机和路由器上查看状态。

（1）交换机上查看 VLAN 的信息。

```
<Huawei>display vlan
```

```
......
VID  Status  Property      MAC-LRN Statistics Description
------------------------------------------------------

1    enable  default       enable  disable     vlan 0001
10   enable  default       enable  disable     sc
20   enable  default       enable  disable     xz
<Huawei>
```

（2）在路由器上查看端口的状态。

```
<Huawei>display ip interface brief
......
Interface                 IP Address/Mask     Physical  Protocol
GigabitEthernet0/0/0      unassigned          up        down
GigabitEthernet0/0/0.10   192.168.1.254/24    up        up
GigabitEthernet0/0/0.20   192.168.2.254/24    up        up
GigabitEthernet0/0/1      unassigned          down      down
GigabitEthernet0/0/2      unassigned          down      down
NULL0                     unassigned          up        up(s)
<Huawei>
```

04 PC1 和 PC2 配置，如图 3.1.16 和图 3.1.17 所示。

图 3.1.16 PC1 的配置

图 3.1.17 PC2 的配置

05 训练测试。

通过 PC1 ping PC2 的 IP 地址，以测试单臂路由器是否配置成功，如图 3.1.18 所示。

图 3.1.18 PC1 ping 通 PC2

训练小结

（1）端口的不同功能。不同的端口有不同的功能。有的端口需要划分到 VLAN 中，如与 PC 机相连的端口；有的端口需要允许多个 VLAN 的流量通过，如交换机与路由器互连的端口。

（2）特殊的端口——子端口。路由器的物理端口只有一个时，可以通过创建逻辑端口来分出多个子端口，并且每个子端口的 IP 地址都是对应网络中接入的 PC 的网关 IP 地址。

（3）需要特别注意的是，子端口只有允许 ARP 的广播包，才能接入 VLAN 的流量。

任务二 路由器的广域网协议配置

路由器常用的广域网协议有 PPP（point to point protocol，点到点协议）、HDLC（high level data link control，高级数据链路控制）、frame-relay，SDLC（synchronous data link control，同步数据链路控制）等。具体说明如下：

（1）PPP 是为在同等单元之间传输数据包这样的简单链路设计的链路层协议，华为路由器默认封装，是面向字符的控制协议。

（2）HDLC 协议是一种面向比特的控制协议。该协议工作在数据链路层，具有无差错数据传输和流量控制两种功能。

（3）frame-relay：表示帧中继交换网，它是 x.25 分组交换网的改进，以虚电路的方式工作。

（4）SDLC：同步数据链路控制协议，它是一种 IBM 数据链路层协议，适用于系统网络体系结构（systems network architecture，SNA）。

本任务重点学习路由器的 PPP 和 HDLC 协议，分以下四个训练进行学习。

训练 1　路由器的广域网 HDLC 封装。

训练 2　路由器的广域网 PPP 封装。

训练 3　路由器的广域网 PPP 封装 CHAP 认证。

训练 4　路由器的广域网 PPP 封装 PAP 认证。

训练 1　路由器的广域网 HDLC 封装

训练描述

高级数据链路控制（HDLC）协议是一种标准的、用于在同步网络中传输数据的、面向比特的数据链路层协议。

某公司已经成功搭建了总公司和分公司的局域网络，运行稳定。该公司购置了两台路由器和高速同步串行模块，准备通过专线将总公司和分公司连接起来。下面以两台 AR2220 路由器来模拟总公司和分公司网络，学习路由器广域网 HDLC 协议的配置方法。广域网 HDLC 协议封装的网络拓扑结构图如图 3.2.1 所示。

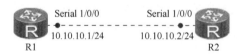

图 3.2.1　广域网 HDLC 协议封装的网络拓扑结构图

训练要求

路由器的广域网 HDLC 封装

（1）添加两台型号为 AR2220 的路由器，将标签名分别更改为 R1 和 R2。

（2）为 R1 和 R2 添加 2SA 模块，并且添加在 Serial 1/0/0 端口的位置。

（3）两台路由器使用 DCE 串口线互连，R1 的 Serial 1/0/0 端口连接 R2 的 Serial 1/0/0 端口。

（4）开启两台路由器。

（5）在两台路由器之间进行 HDLC 协议封装，并测试两台路由器的连通性。

训练步骤

01 路由器管理。

（1）在 eNSP 中新建拓扑，添加两台型号为 AR2220 的路由器，将标签名分别更改为 R1 和 R2。

（2）分别为 R1 和 R2 添加 2SA 模块。以 R2 为例：选中 R2，右击，在弹出的快捷菜单中选择"设置"命令，进入 R2 视图界面进行添加即可。注意：模块插槽要添加在对应端口的位置（如图 3.2.2 所示的右上角位置为 Serial 1/0/0 端口）。R1 同理。

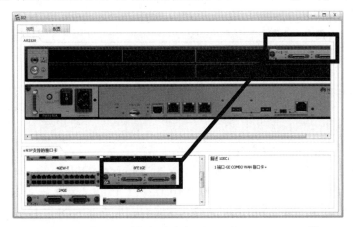

图 3.2.2　添加 2SA 模块到路由器 R2 的 Serial 1/0/0 端口

（3）两台路由器使用 DCE 串口线互连，模拟与公网互连。R1 的 Serial 1/0/0 端口连接 R2 的 Serial 1/0/0 端口。如果未添加 2SA 模块，则在接线时提示错误：端口不匹配。

02　路由器的基本配置。

（1）接好线后，开启两台路由器设备。

（2）进入路由器的命令配置界面，分别修改路由器名称为 R1、R2。配置 R1 的 Serial 1/0/0 端口设置的 IP 地址为 10.10.10.1/24，修改 R2 的 Serial 1/0/0 端口设置的 IP 地址为 10.10.10.2/24。

```
<Huawei>system-view
[Huawei]sysname R1
[R1]interface Serial 1/0/0
 [R1-Serial 1/0/0]ip address 10.10.10.1 24

<Huawei>system-view
[Huawei]sysname R2
[R2]interface Serial 1/0/0
[R2-Serial 1/0/0]ip address 10.10.10.2 24
```

03　配置 HDLC 协议封装。

（1）使用 link-protocol hdlc 命令给 R1 配置 HDLC 协议，使用 display interface Serial 1/0/0 命令查看 Serial 1/0/0 端口情况。可以看到"Line protocol current state:DOWN"，"DOWN"表示两台路由器之间没有协商成功。

```
[R1-Serial 1/0/0]link-protocol hdlc              //封装 HDLC 协议
Warning: the enscapsulation protocol of link will be changed.
Continue?[Y/N]:y

[R1-Serial 1/0/0]display int Serial 1/0/0
```

```
Serial1/0/0 current state:UP
Line protocol current state:DOWN
Description:HUAWEI,AR Series,Serial1/0/0 Interface
Route Port,The Maximum TR1nsmit Unit is 1500,Hold timer is 10（sec）
Link layer protocol is nonstandard HDLC
……//省略部分内容
```

（2）使用 link-protocol hdlc 命令，给 R2 配置 HDLC 协议。

```
[R2-Serial 1/0/0]link-protocol hdlc              //封装 HDLC 协议
Warning: the enscapsulation protocol of link will be changed.
Continue?[Y/N]:y
[R2-Serial 1/0/0]quit
```

（3）再次查看 R1 的 Serial 1/0/0 端口情况。"Internet Address is 10.10.10.1/24"表示 R1 的 Serial 1/0/0 端口的 IP 地址为 10.10.10.1/24；"Link layer protocol is nonstandard HDLC"表示 R1 的 Serial 1/0/0 端口的数据链路层协议为 HDLC 协议；"Line protocol current state:UP"表示协商已经成功。以上说明，在 HDLC 链路上已经可以传递 IP 报文。

```
[R1]display interface Serial 1/0/0
Serial1/0/0 current state:UP
Line protocol current state:UP
Last line protocol up time: 2022-07-30 10: 00: 17 UTC-08: 00
Description:HUAWEI,AR Series,Serial1/0/0 Interface
Route Port,The Maximum TR1nsmit Unit is 1500,Hold timer is 10（sec）
Internet Address is 10.10.10.1/24
Link layer protocol is nonstandard HDLC
……//省略部分内容
```

04 训练测试。

测试两台路由器的连通性。在任意一台路由器上，在用户模式下使用 ping 命令测试与对方路由的互通性。例如，在 R1 上 ping R2，测试结果是连通的，如图 3.2.3 所示。

图 3.2.3　在 R1 上访问 R2 的结果

训 练 小 结

（1）路由器封装广域网协议时，必须添加相应的广域网功能模块。

（2）HDLC 协议是大部分路由器广域网端口的默认协议，但不是华为路由器广域网端口的默认协议。

（3）路由器两端封装的协议必须一致，否则无法建立链路。

训 练 2 路由器的广域网 PPP 封装

训练描述

PPP 主要被设计用来在支持全双工的同步/异步链路上进行点到点的数据传输，在当今网络中得到了普遍应用。相比 HDLC 协议，PPP 的功能更丰富，更安全，支持身份认证、多链路捆绑等功能。

下面通过两台 AR2220 路由器来模拟公网，由此学习路由器广域网 PPP 封装的配置方法。该训练的网络拓扑结构图如图 3.2.4 所示。

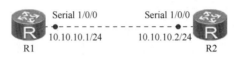

图 3.2.4 广域网 PPP 封装的网络拓扑结构图

训练要求

（1）添加两台型号为 AR2220 的路由器，将标签名分别更改为 R1 和 R2。

（2）为 R1 和 R2 添加 2SA 模块，并且添加在 Serial 1/0/0 端口的位置。

（3）两台路由器使用 DCE 串口线互连，R1 的 Serial 1/0/0 端口连接 R2 的 Serial 1/0/0 端口。

（4）开启两台路由器。

（5）在两台路由器之间进行 PPP 封装，并测试两台路由器间的连通性。

路由器的广域网 PPP 封装

训练步骤

01 路由器管理。

（1）在 eNSP 中新建拓扑，添加两台型号为 AR2220 的路由器，将标签名分别更改为 R1 和 R2。

（2）分别为 R1 和 R2 添加 2SA 模块。以 R2 为例：选中 R2，右击，在弹出的快捷菜单中选择"设置"命令，进入 R2 视图界面进行添加即可。注意：模块插槽要添加在对应端口的位置（如图 3.2.5 所示的右上角位置为 Serial 1/0/0 端口）。R1 同理。

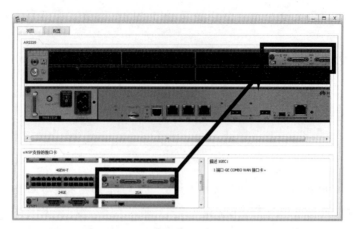

图 3.2.5 添加 2SA 模块到路由器 R2 的 Serial 1/0/0 端口

（3）两台路由器使用 DCE 串口线互连，模拟与公网互连。R1 的 Serial 1/0/0 端口连接 R2 的 Serial 1/0/0 端口。如果未添加 2SA 模块，则在接线时提示错误：端口不匹配。

02 路由器的基本配置。

（1）接好线后，开启两台路由器设备。

（2）进入路由器的命令配置界面，分别修改路由器名称为 R1、R2。配置 R1 的 Serial 1/0/0 端口设置的 IP 地址为 10.10.10.1/24，修改 R2 的 Serial 1/0/0 端口设置的 IP 地址为 10.10.10.2/24。

```
<Huawei>system-view
[Huawei]sysname R1
[R1]interface Serial 1/0/0
[R1-Serial 1/0/0]ip address 10.10.10.1 24
```

```
<Huawei>system-view
[Huawei]sysname R2
[R2]interface Serial 1/0/0
[R2-Serial 1/0/0]ip address 10.10.10.2 24
```

03 配置 PPP 封装。

（1）使用 link-protocol ppp 命令给 R1 配置 PPP，使用 display interface Serial 1/0/0 命令查看 Serial 1/0/0 端口情况。可以看到 "LCP opened，IPCP opened"，表示 LCP 和 IPCP 协商成功，这是因为华为 AR2220 路由器默认开启 PPP。

```
[R1-Serial 1/0/0]link-protocol ppp              //封装 PPP
Warning: The encapsulation protocol of the link will be changed.
Continue? [Y/N]:y
[R1-Serial 1/0/0]display int Serial 1/0/0
Serial1/0/0 current state:UP
Line protocol current state:UP
Last line protocol up time: 2023-03-01 10: 00: 17 UTC-08: 00
Description:HUAWEI,AR Series,Serial1/0/0 Interface
Route Port,The Maximum TR1nsmit Unit is 1500,Hold timer is 10（sec）
```

```
Internet Address is 10.10.10.1/24
Link layer protocol is PPP
LCP opened, IPCP opened
……//省略部分内容
```

（2）同理，可使用 link-protocol ppp 命令给 R2 配置 PPP，也可使用默认 PPP。

```
[R2-Serial 1/0/0]link-protocol ppp                //封装 PPP
Warning: The encapsulation protocol of the link will be changed.
Continue? [Y/N]:y
```

（3）再次查看 R1 的 Serial 1/0/0 端口情况。"Internet Address is 10.10.10.1/24"表示 R1 的 Serial1/0/0 端口的 IP 地址为 10.10.10.1/24；"Link layer protocol is PPP"表示 R1 的 Serial1/0/0 端口的数据链路层协议为 PPP；"LCP opened，IPCP opened"表示协商已经成功。以上说明，既然 NCP 协商采用的是 IPCP，说明在 PPP 链路上已经可以传递 IP 报文。

```
[R1]display interface Serial 1/0/0
Serial1/0/0 current state:UP
Line protocol current state:UP
Last line protocol up time: 2023-03-01  10: 00: 37 UTC-08: 00
Description:HUAWEI,AR Series,Serial1/0/0 Interface
Route Port,The Maximum TR1nsmit Unit is 1500,Hold timer is 10(sec)
Internet Address is 10.10.10.1/24
Link layer protocol is PPP
LCP opened, IPCP opened
……//省略部分内容
```

04 训练测试。

测试两台路由器的连通性。在任意一台路由器上，在用户模式下使用 ping 命令测试与对方路由的互通性。例如，在 R1 上 ping R2，测试结果是连通的，如图 3.2.6 所示。

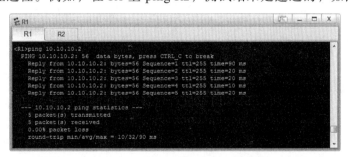

图 3.2.6　在 R1 上访问 R2 的结果

训练小结

（1）路由器进行封装广域网协议时，必须添加相应的广域网功能模块。

（2）要求使用 DCE 线缆（DCE/DTE 串口线）连接两个端口。

（3）路由器两端封装的协议必须一致，否则无法建立链路。

（4）华为 ARG3 系列路由器默认在串行接口上封装 PPP。

训 练 3　路由器的广域网 PPP 封装 CHAP 认证

▌训练描述

　　CHAP（challenge handshake authentication protocol，挑战握手认证协议）验
证是要求握手验证方式，使用 3 次握手机制来启动一条链路和周期性的认证远程
节点。CHAP 认证由认证服务器向被认证方提出认证需求，通过用户名和密码进
行认证，因此安全性更高。

　　下面通过两台 AR2220 路由器来模拟公网，由此学习路由器广域网 PPP 封装
的 CHAP 认证的配置方法。网络拓扑结构图如图 3.2.7 所示。

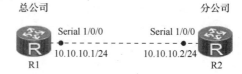

图 3.2.7　广域网 PPP 封装的 CHAP 认证网络拓扑结构图

▌训练要求

路由器的广域
网 PPP 封装
CHAP 认证

（1）添加两台型号为 AR2220 的路由器，将标签名分别更改为 R1 和 R2。

（2）为 R1 和 R2 添加 2SA 模块，并且添加在 Serial 1/0/0 端口的位置。

（3）两台路由器使用 DCE 串口线互连，R1 的 Serial 1/0/0 端口连接 R2 的
Serial 1/0/0 端口。

（4）开启两台路由器网络设备。

（5）在两台路由器之间做 PPP 封装的 CHAP 认证。

训练步骤

01 路由器管理。

（1）在 eNSP 中新建拓扑，添加两台型号为 AR2220 的路由器，将标签名分别更改
为 R1 和 R2。

（2）分别为 R1 和 R2 添加 2SA 模块。以 R2 为例：选中 R2，右击，在弹出的快捷
菜单中选择"设置"命令，进入 R2 视图界面进行添加即可。注意：模块插槽要添加在
对应接口的位置（如图 3.2.8 所示的右上角位置为 Serial 1/0/0 端口）。R1 同理。

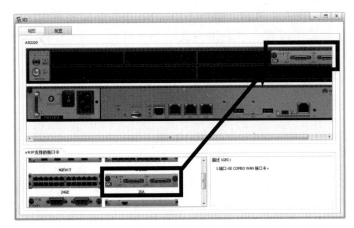

图 3.2.8　添加 2SA 模块到路由器 R2 的 Serial 1/0/0 端口

（3）两台路由器使用 DCE 串口线互连，模拟与公网互连。R1 的 Serial 1/0/0 端口连接 R2 的 Serial 1/0/0 端口。如果未添加 2SA 模块，则在接线时提示错误：端口不匹配。

02　路由器的基本配置。

（1）接好线后，开启两台路由器设备。

（2）进入路由器的命令配置界面，分别修改路由器名称为 R1、R2。配置 R1 的 Serial 1/0/0 端口设置的 IP 地址为 10.10.10.1/24，修改 R2 的 Serial 1/0/0 端口设置的 IP 地址为 10.10.10.2/24。

```
<Huawei>system-view
[Huawei]sysname R1
[R1]interface Serial 1/0/0
[R1-Serial 1/0/0]ip address 10.10.10.1 24
```

```
<Huawei>system-view
[Huawei]sysname R2
[R2]interface Serial 1/0/0
[R2-Serial 1/0/0]ip address 10.10.10.2 24
```

03　配置 PPP 的 CHAP 认证。

（1）R1 作为认证方，需要配置本端 PPP 的认证方式为 CHAP。使用 aaa 命令，进入 AAA 视图，配置 CHAP 认证所使用的用户名和密码。

```
[R1]aaa
[R1-aaa]local-user amdin password cipher huawei //在 R1 上指定该密码
用于 PPP 认证
[R1-aaa]local-user admin service-type ppp
[R1-aaa]interface Serial 1/0/0
[R1-Serial 1/0/0]link-protocol ppp                 //封装 PPP
[R1-Serial 1/0/0]ppp authentication-mode chap
//在 Serial 1/0/0 端口上启动 PPP 功能，并指定认证方式为 CHAP
[R1-Serial 1/0/0]quit
[R1]
```

（2）查看 R1 的链路状态信息。现在 R1 与 R2 之间无法正常通信，链路物理状态正常，但链路层协议状态不正常，这是因为此时 PPP 链路上的 CHAP 认证未通过。

```
[R1]interface Serial 1/0/0
[R1-Serial 1/0/0]shutdowm
[R1-Serial 1/0/0]undo shutdown
[R1]
[R1]display ip interface brief
Interface              IP Address/Mask      Physical   Protocol
GiagbitEthernet0/0/0   unassigned           down       down
GiagbitEthernet0/0/1   unassigned           down       down
GiagbitEthernet0/0/2   unassigned           down       down
Null0                  unassigned           up         up(s)
Serial1/0/0            10.10.10.1/24        up         down
Serial1/0/1            unassigned           down       down
[R1]
```

（3）在 R2 上配置被认证方（对端）的 CHAP 认证。R2 作为被认证方，需要配置以 CHAP 方式认证时，本地发送 CHAP 用户名"admin"和密码"huawei"。

```
[R2]interface Serial 1/0/0
[R2-Serial 1/0/0]link-protocol ppp                //封装 PPP
[R2-Serial 1/0/0]ppp chap user admin
[R2-Serial 1/0/0]ppp chap password cipher huawei
//在 Serial 1/0/0 端口上启动 PPP 功能，并指定 CHAP 认证的用户名和密码
[R2-Serial 1/0/0]quit
[R2]
```

（4）再次查看 R1 的链路状态信息。可以观察到，R1 与 R2 之间的链路层协议状态正常。

```
[R1]display ip interface brief
Interface              IP Address/Mask      Physical   Protocol
GiagbitEthernet0/0/0   unassigned           down       down
GiagbitEthernet0/0/1   unassigned           down       down
GiagbitEthernet0/0/2   unassigned           down       down
Null0                  unassigned           up         up(s)
Serial1/0/0            10.10.10.1/24        up         up
Serial1/0/1            unassigned           down       down
[R1]
```

04 训练测试。

测试两台路由器的连通性。在任意一台路由器上，在用户模式下使用 ping 命令测试与对方路由的互通性。例如，在 R1 上 ping R2，测试结果是连通的，如图 3.2.9 所示。

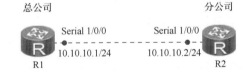

图 3.2.9　在 R1 上访问 R2 的结果

训 练 小 结

（1）路由器两端必须都进行 PPP 封装。

（2）CHAP 认证采用 3 次握手机制，它只在网络中传送用户名而不传送密码，因此安全性高。

训 练 ④　路由器的广域网 PPP 封装 PAP 认证

训练描述

PAP（password authentication protocol，密码认证协议）验证是两次握手协议，通过用户名（username）及密码（password）进行用户身份认证。采用明文传输 username 和 password 给主验方，主验方收到后在数据库中进行匹配，并会送 ACK 或 NAK 报文通知对端是否认证成功。

下面通过两台型号为 AR2220 的路由器来模拟公网，由此学习路由器广域网 PPP 封装的 PAP 认证的配置方法。网络拓扑结构图如图 3.2.10 所示。

图 3.2.10　广域网 PPP 封装的 PAP 认证的网络拓扑结构图

训练要求

（1）添加两台型号为 AR2220 的路由器，将标签名分别更改为 R1 和 R2，路由器名称分别设置为 R1 和 R2。

（2）为 R1 和 R2 添加 2SA 模块，并且添加在 Serial 1/0/0 端口的位置。

（3）两台路由器使用 DCE 串口线互连，R1 的 Serial 1/0/0 端口

路由器的广域网 PPP 封装 PAP 认证

连接 R2 的 Serial 1/0/0 端口。

（4）开启两台路由器网络设备。

（5）在两台路由器之间做 PPP 封装的 PAP 认证。

训练步骤

01 路由器管理。

（1）在 eNSP 中新建拓扑，添加两台型号为 AR2220 的路由器，将标签名分别更改为 R1 和 R2。

（2）分别为 R1 和 R2 添加 2SA 模块。以 R2 为例：选中 R2，右击，在弹出的快捷菜单中选择"设置"命令，进入 R2 视图界面进行添加即可。注意：模块插槽要添加在对应端口的位置（如图 3.2.11 所示的右上角位置为 Serial 1/0/0 端口）。R1 同理。

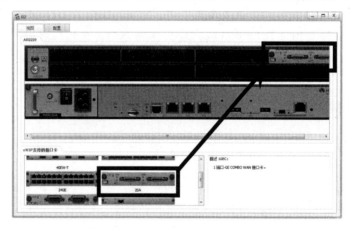

图 3.2.11　添加 2SA 模块到路由器 R2 的 Serial 1/0/0 端口

（3）两台路由器使用 DCE 串口线互连，模拟与公网互连。R1 的 Serial 1/0/0 端口连接 R2 的 Serial 1/0/0 端口。如果未添加 2SA 模块，则在接线时提示错误：端口不匹配。

02 路由器的基本配置。

（1）接好线后，开启两台路由器设备。

（2）进入路由器的命令配置界面，分别修改路由器名称为 R1、R2。配置 R1 的 Serial 1/0/0 端口设置的 IP 地址为 10.10.10.1/24，修改 R2 的 Serial 1/0/0 端口设置的 IP 地址为 10.10.10.2/24。

```
<Huawei>system-view
[Huawei]sysname R1
[R1]interface Serial 1/0/0
[R1-Serial 1/0/0]ip address 10.10.10.1 24

<Huawei>system-view
[Huawei]sysname R2
[R2]interface Serial 1/0/0
[R2-Serial 1/0/0]ip address 10.10.10.2 24
```

03 配置 PPP 协议的 PAP 认证。

（1）R1 作为认证方，需要配置本端 PPP 的认证方式为 PAP。使用 aaa 命令，进入 AAA 视图，配置 PAP 认证所使用的用户名和密码。

```
[R1]aaa
[R1-aaa]local-user amdin password cipher huawei
//在 R1 上指定该密码用于 PPP 认证
[R1-aaa]local-user admin service-type ppp
[R1-aaa]interface Serial 1/0/0
[R1-Serial 1/0/0]link-protocol ppp                    //封装 PPP
[R1-Serial 1/0/0]ppp authentication-mode pap
//在 Serial 1/0/0 端口上启动 PPP 功能，并指定认证方式为 PAP
[R1-Serial 1/0/0]quit
[R1]
```

（2）查看 R1 的链路状态信息。现在 R1 与 R2 之间无法正常通信，链路物理状态正常，但链路层协议状态不正常，这是因为此时 PPP 链路上的 PAP 认证未通过。

```
[R1]interface Serial 1/0/0
[R1-Serial 1/0/0]shutdowm
[R1-Serial 1/0/0]undo shutdown
[R1]
[R1]display ip interface brief
Interface              IP Address/Mask      Physical     Protocol
GiagbitEthernet0/0/0   unassigned           down         down
GiagbitEthernet0/0/1   unassigned           down         down
GiagbitEthernet0/0/2   unassigned           down         down
Null0                  unassigned           up           up(s)
Serial1/0/0            10.10.10.1/24        up           down
Serial1/0/1            unassigned           down         down
[R1]
```

（3）在 R2 上配置被认证方（对端）的 PAP 认证。R2 作为被认证方，需要配置以 PAP 方式认证时本地发送 PAP 用户名"admin"和密码"huawei"。

```
[R2]interface Serial 1/0/0
[R2-Serial 1/0/0]link-protocol ppp                    //封装 PPP
[R2-Serial 1/0/0]ppp pap local-user admin password cipher huawei
//在 Serial 1/0/0 端口上启动 PPP 功能，并指定 PAP 认证的用户名和密码
[R2-Serial 1/0/0]quit
[R2]
```

（4）再次查看 R1 的链路状态信息。可以观察到，R1 与 R2 之间的链路层协议状态正常。

```
[R1]display ip interface brief
Interface              IP Address/Mask      Physical     Protocol
GiagbitEthernet0/0/0   unassigned           down         down
```

```
GiagbitEthernet0/0/1    unassigned         down        down
GiagbitEthernet0/0/2    unassigned         down        down
Null0                   unassigned         up          up(s)
Serial1/0/0             10.10.10.1/24      up          up
Serial1/0/1             unassigned         down        down
[R1]
```

04 训练测试。

测试两台路由器的连通性。在任意一台路由器上，在用户模式下使用 ping 命令测试与对方路由的互通性。例如，在 R1 上 ping R2，测试结果是连通的，如图 3.2.12 所示。

图 3.2.12 在 R1 上访问 R2 的结果

▌训练小结

（1）路由器两端必须都进行 PPP 封装。
（2）PAP 认证在网络中以明文的方式传送用户名和密码，因此安全性不高。

任务三 路由器的路由配置

路由器是网络层设备，能够根据 IP 报头的信息选择一条最佳路径，将数据包转发出去，实现不同网段的主机之间的相互访问。

路由器是根据路由表进行选路和转发的，而路由表是由一条条路由信息组成的。路由表的产生方式一般有以下三种。

直连路由：给路由器端口配置 IP 地址，路由器自动产生本端口 IP 所在网段的路由信息。

静态路由：在简单的网络中，通过手工配置要到达的目的网段的路由信息，从而实现不同网段之间的相互通信。

动态路由：在大规模复杂的网络中，通过在路由器上运行动态路由协议，路由器之间相互自动学习产生的路由信息。

本任务分以下四个训练进行学习。

训练 1　路由器的静态路由配置。

训练 2　路由器的 RIP 动态路由配置。

训练 3　路由器的 OSPF 动态路由配置。

训练 4　路由器的路由重分布配置。

训 练 1　路由器的静态路由配置

静态路由是指用户或网络管理员手工配置的路由信息。当网络的拓扑结构或链路状态发生改变时，需要网络管理人员手工修改静态路由信息。相比于动态路由协议，静态路由协议无须频繁地交换各自的路由表，配置简单，比较适合小型、简单的网络环境。

静态路由不适合大型和复杂的网络环境，因为当网络拓扑结构和链路状态发生变化时，网络管理员需要做大量的调整，且无法自动感知错误发生，不易排错。

静态路由的特点：无系统开销，配置简单，需人工维护，适合简单拓扑结构的网络。

■ 训练描述

作为某学校的网络管理员，该校校园网分为 3 个区域，分别是数据中心、教学区和生活区。每个区域内使用 1 台路由器连接 2 个子网，教学区连接教学楼和实训楼，生活区连接宿舍楼和食堂。现在要在路由器上做适当配置，实现校园网内各个区域子网之间（教学楼和实训楼、宿舍楼、食堂）的相互通信。网络拓扑结构图如图 3.3.1 所示。

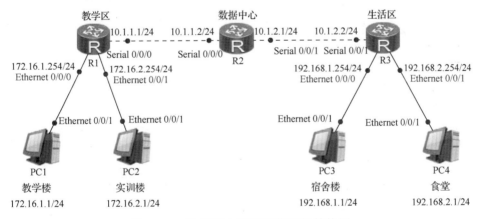

图 3.3.1　静态路由配置网络拓扑结构图

■ **训练要求**

（1）添加常用设备：4 台计算机，3 台路由器，路由器与路由器之间使用串口线缆。

（2）给 PC1 配置 IP 地址为 172.16.1.1/24，给 PC2 配置 IP 地址为 172.16.2.1/24，给 PC3 配置 IP 地址为 192.168.1.1/24，给 PC4 配置 IP 地址为 192.168.2.1/24。

（3）给 R1 的 E 0/0/0 端口配置网关地址 172.16.1.254/24，给 R1 的 E 0/0/1 端口配置网关地址 172.16.2.254/24；给 R3 的 E 0/0/0 端口配置网关地址 192.168.1.254/24，给 R3 的 E 0/0/1 端口配置网关地址 192.168.2.254/24。

（4）给路由器 R1 的 Serial 0/0/0 端口配置 IP 地址为 10.1.1.1/24，给路由器 R2 的 Serial 0/0/0 端口配置 IP 地址为 10.1.1.2/24，给路由器 R2 的 Serial 0/0/1 端口配置 IP 地址为 10.1.2.1/24，给路由器 R3 的 Serial 0/0/1 端口配置 IP 地址为 10.1.2.2/24。

（5）给 R1、R2、R3 分别配置静态路由条目。静态路由配置的关键指令是 ip route-static，语法格式为 "ip route-static ＋目标网段＋目标网段掩码＋下一跳 IP 地址（或自身的出端口）"，如 ip route 192.168.1.0 255.255.255.0 10.1.1.2（Serial 0/0/0）。

（6）测试连通性。

本训练模拟了静态路由的基本配置。使用 3 台华为的 router 路由器连接 3 个区域：数据中心、教学区、生活区。教学区又分为教学楼和实训楼，生活区分为宿舍区和食堂。要想实现所有区域的终端之间相互通信，需要用到静态路由。在配置静态路由条目前，先对各个区域的终端配置 IP 地址、子网掩码和默认网关。

（7）为 4 台 PC 配置 IP 地址等参数，如图 3.3.2～图 3.3.5 所示。

图 3.3.2　PC1 的 IP 地址

图 3.3.3　PC2 的 IP 地址

图 3.3.4　PC3 的 IP 地址

路由器的静态
路由配置

图 3.3.5　PC4 的 IP 地址

训练步骤

01 路由器 R1 的基本配置。

```
<Huawei>system-view
[Huawei]sysname R1
[R1]interface Ethernet 0/0/0
[R1-Ethernet0/0/0]ip address 172.16.1.254 24
[R1-Ethernet0/0/0]interface Ethernet 0/0/1
[R1-Ethernet0/0/1]ip address 172.16.2.254 24
[R1]interface Serial 0/0/0
[R1-Serial0/0/0]ip address 10.1.1.1 24
```

02 路由器 R2 的基本配置。

```
<Huawei>system-view
[Huawei]sysname R2
[R2]interface Serial 0/0/0
[R2-Serial0/0/0]ip address 10.1.1.2 24
[R2-Serial0/0/0]quit
[R2]interface Serial 0/0/1
[R2-Serial0/0/1]ip address 10.1.2.1 24
[R2-Serial0/0/1]quit
```

03 路由器 R3 的基本配置。

```
<Huawei>system-view
[Huawei]sysname R3
[R3]interface Ethernet 0/0/0
[R3-Ethernet0/0/0]ip address 192.168.1.254 24
[R3-Ethernet0/0/0]interface Ethernet 0/0/1
[R3-Ethernet0/0/1]ip address 192.168.2.254 24
[R3-Ethernet0/0/1]quit
[R3]interface Serial 0/0/1
[R3-Serial0/0/1]ip address 10.1.2.2 24
[R3-Serial0/0/1]quit
```

04 路由器 R1 的静态路由配置。

```
[R1]ip route-static 192.168.1.0 255.255.255.0 10.1.1.2
[R1]ip route-static 192.168.2.0 255.255.255.0 10.1.1.2
```

05 路由器 R2 的静态路由配置。

```
[R2]ip route-static 192.168.1.0 255.255.255.0 10.1.2.2
[R2]ip route-static 192.168.2.0 255.255.255.0 10.1.2.2
[R2]ip route-static 172.16.1.0 255.255.255.0 10.1.1.1
[R2]ip route-static 172.16.2.0 255.255.255.0 10.1.1.1
```

06 路由器 R3 的静态路由配置。

```
[R3]ip route-static 172.16.1.0 255.255.255.0 10.1.2.1
[R3]ip route-static 172.16.2.0 255.255.255.0 10.1.2.1
```

07 训练测试。

验证 PC1、PC2、PC3、PC4 能否相互通信。

测试教学楼的 PC1 与实训楼的 PC2 的连通性，如图 3.3.6 所示。

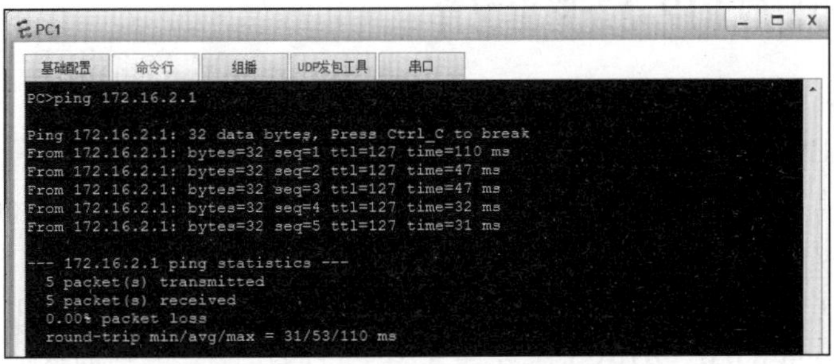

图 3.3.6 PC1 与 PC2 相互通信

测试教学楼的 PC1 与宿舍楼的 PC3 的连通性，如图 3.3.7 所示。

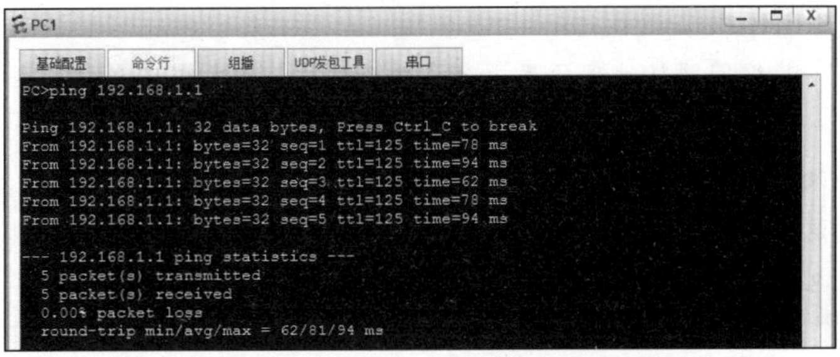

图 3.3.7 PC1 与 PC3 相互通信

测试教学楼的 PC1 与食堂的 PC4 的连通性，如图 3.3.8 所示。

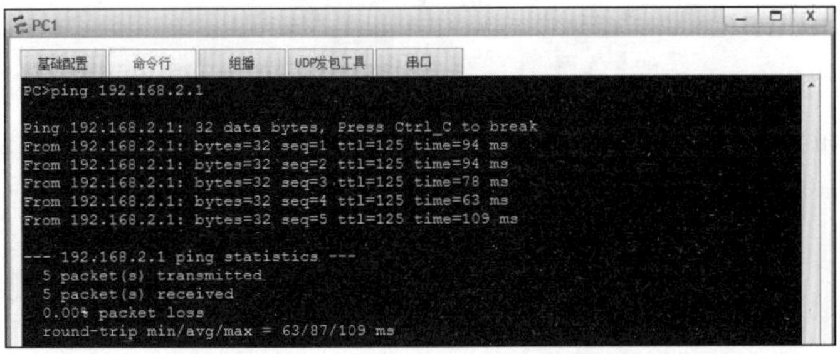

图 3.3.8 PC1 与 PC4 的相互通信

训练小结

（1）静态路由配置的关键指令是 ip route。

（2）静态路由配置的语法格式是"ip route-static +目标网段+目标网段掩码+下一跳
IP 地址（或出端口）"，如 ip route 192.168.1.0 255.255.255.0 10.1.1.2（Serial0/0/0）。

（3）查看路由表，使用 display ip routing-table 命令。

（4）当配置错误，需要删掉静态路由条目时，使用 undo 命令，如 undo ip route-static
192.168.2.0 24。

训 练 2 路由器的 RIP 动态路由配置

RIP 是一种应用较早、较普遍的内部网关协议，适用于小型网络。RIP 有两个版本，
分为 RIPV1 和 RIPV2 版本，RIP 以跳数作为衡量路径开销，RIP 规定最大跳数为 15。

RIPV1 属于有类路由协议，不支持 VLSM（variable length subnetwork mask，可变长
子网掩码），RIPV1 是以广播的形式进行路由信息的更新，更新周期为 30 秒。

RIPV2 属于无类路由协议，支持 VLSM，RIPV2 是以组播的形式进行路由信息的更
新，组播地址是 224.0.0.9。RIPV2 还支持基于端口的认证，提高网络的安全性。本训练
重点学习 RIPV2 的配置。

▌训练描述

某校园网从地理位置上分为两个区域，即本校区和分校区，每个区域内分别
有一台路由器连接两个子网，本校区有计算机学院和理学院，分校区有文学院
和政法学院。现在每个学院的一台终端计算机通过交换机接入路由器。假若你
是这个学校的网络管理员，请用 RIP 动态路由实现全网互通。网络拓扑结构图如
图 3.3.9 所示。

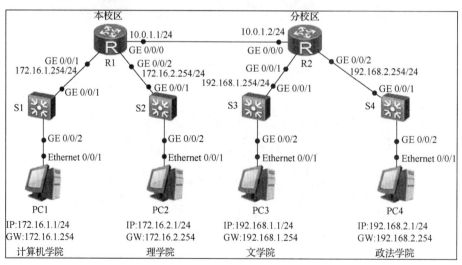

图 3.3.9 RIP 动态路由配置网络拓扑结构图

训练要求

路由器的 RIP
动态路由配置

（1）添加 4 台计算机、4 台交换机、两台 AR2220 路由器。

（2）R1 是本校区的路由器，R2 是分校区的路由器。

（3）PC1 为计算机学院的一台计算机，通过 S1 交换机接入 R1；PC2 为理学院的一台计算机，通过 S2 交换机接入 R1。

（4）PC3 为文学院的一台计算机，通过 S3 交换机接入 R2；PC4 为政法学院的一台计算机，通过 S4 交换机接入 R2。

（5）通过在路由器 R1 和 R2 上配置 RIP 动态路由，实现全网互通。

训 练 步 骤

01 路由器 R1 的基本配置。

```
<Huawei>system-view
[Huawei]sysname R1
[R1]interface GigabitEthernet 0/0/0
[R1-GigabitEthernet0/0/0]ip address 10.0.1.1 24
[R1-GigabitEthernet0/0/0]interface GigabitEthernet 0/0/1
[R1-GigabitEthernet0/0/1]ip address 172.16.1.254 24
[R1-GigabitEthernet0/0/1]interface GigabitEthernet0/0/2
[R1-GigabitEthernet0/0/2]ip address 172.16.2.254 24
[R1-GigabitEthernet0/0/2]quit
```

02 路由器 R2 的基本配置。

```
<Huawei>system-view
[Huawei]sysname R2
[R2]interface GigabitEthernet 0/0/0
[R2-GigabitEthernet0/0/0]ip address 10.0.1.2 24
[R2-GigabitEthernet0/0/0]interface GigabitEthernet 0/0/1
[R2-GigabitEthernet0/0/1]ip address 192.168.1.254 24
[R2-GigabitEthernet0/0/1]interface GigabitEthernet 0/0/2
[R2-GigabitEthernet0/0/2]ip address 192.168.2.254 24
[R2-GigabitEthernet0/0/2]quit
```

03 给 R1 配置 RIP 动态路由。

```
[R1]rip  //使用 rip 命令创建并开启协议进程，默认情况下进程号是 1
[R1-rip-1]network 10.0.0.0
//使用 network 命令对指定网段端口使能 RIP 功能，注意必须是自然网段的地址
[R1-rip-1]network 172.16.0.0
```

04 给 R2 配置 RIP 动态路由。

```
[R2]rip
[R2-rip-1]network 10.0.0.0
[R2-rip-1]network 192.168.1.0
[R2-rip-1]network 192.168.2.0
```

05 查看 R1、R2 的路由表。

```
<R1>display ip routing-table
   Route Flags: R - relay, D - download to fib
----------------------------------------------------------------
Routing Tables: Public
         Destinations : 15      Routes : 15

Destination/Mask Proto Pre Cost Flags NextHop     Interface

10.0.1.0/24       Direct 0   0     D   10.0.1.1    GigabitEthernet0/0/0
10.0.1.1/32       Direct 0   0     D   127.0.0.1   GigabitEthernet0/0/0
10.0.1.255/32     Direct 0   0     D   127.0.0.1   GigabitEthernet0/0/0
127.0.0.0/8       Direct 0   0     D   127.0.0.1   InLoopBack0
127.0.0.1/32      Direct 0   0     D   127.0.0.1   InLoopBack0
127.255.255.255/32 Direct 0  0     D   127.0.0.1   InLoopBack0
172.16.1.0/24     Direct 0   0     D   172.16.1.254 GigabitEthernet0/0/1
172.16.1.254/32   Direct 0   0     D   127.0.0.1   GigabitEthernet0/0/1
172.16.1.255/32   Direct 0   0     D   127.0.0.1   GigabitEthernet0/0/1
172.16.2.0/24     Direct 0   0     D   172.16.2.254 GigabitEthernet0/0/2
172.16.2.254/32   Direct 0   0     D   127.0.0.1   GigabitEthernet0/0/2
172.16.2.255/32   Direct 0   0     D   127.0.0.1   GigabitEthernet0/0/2
192.168.1.0/24    RIP    100 1     D   10.0.1.2    GigabitEthernet0/0/0
192.168.2.0/24    RIP    100 1     D   10.0.1.2    GigabitEthernet0/0/0
255.255.255.255/32 Direct 0  0     D   127.0.0.1   InLoopBack0

<R2>display ip routing-table
//可以观察到，两台路由器已经通过 RIP 学习到对方所在网段的路由条目
Route Flags: R - relay, D - download to fib
----------------------------------------------------------------
Routing Tables: Public
         Destinations : 14      Routes : 14

Destination/Mask Proto Pre Cost Flags NextHop     Interface

10.0.1.0/24       Direct 0   0     D   10.0.1.2    GigabitEthernet0/0/0
10.0.1.2/32       Direct 0   0     D   127.0.0.1   GigabitEthernet0/0/0
10.0.1.255/32     Direct 0   0     D   127.0.0.1   GigabitEthernet0/0/0
127.0.0.0/8       Direct 0   0     D   127.0.0.1   InLoopBack0
127.0.0.1/32      Direct 0   0     D   127.0.0.1   InLoopBack0
127.255.255.255/32 Direct 0  0     D   127.0.0.1   InLoopBack0
172.16.0.0/16     RIP    100 1     D   10.0.1.1    GigabitEthernet0/0/0
192.168.1.0/24    Direct 0   0     D   192.168.1.254 GigabitEthernet0/0/1
192.168.1.254/32  Direct 0   0     D   127.0.0.1   GigabitEthernet0/0/1
192.168.1.255/32  Direct 0   0     D   127.0.0.1   GigabitEthernet0/0/1
192.168.2.0/24    Direct 0   0     D   192.168.2.254 GigabitEthernet0/0/2
192.168.2.254/32  Direct 0   0     D   127.0.0.1   GigabitEthernet0/0/2
192.168.2.255/32  Direct 0   0     D   127.0.0.1   GigabitEthernet0/0/2
255.255.255.255/32 Direct 0  0     D   127.0.0.1   InLoopBack0
```

06 测试两个校区之间的连通性。

```
PC1:
PC>ping 172.16.2.1
PC>ping 192.168.1.1
PC>ping 192.168.2.1

PC2:
PC>ping 172.16.1.1
PC>ping 192.168.1.1
PC>ping 192.168.2.1

PC3:
PC>ping 172.16.1.1
PC>ping 172.16.2.1
PC>ping 192.168.2.1

PC4:
PC>ping 172.16.1.1
PC>ping 172.16.2.1
PC>ping 192.168.1.1
//可以观察到,通信正常
```

07 使用 debuging 命令查看 RIP 定期更新情况,并开启 RIP 调试功能。

```
<R1>debugging rip 1
//debug 命令需要在用户视图下才能使用
<R1>terminal debugging
<R1>terminal monitor
//使用 terminal debugging 和 terminal monitor 命令开启 debug 信息在屏幕
上显示的功能,在计算机屏幕上才能看到路由器之间 RIP 交互的信息
<R1>undo debugging rip 1
//使用 undo debugging rip 或 undo debugging all 命令关闭 debug 调试功能
<R1>debugging rip 1 event
//查看路由器发出和收到的定期更新事件,其他参数可以通过使用"?"获取帮助
<R1>undo debugging all
```

08 训练测试。测试 PC1、PC2、PC3、PC4 能否相互通信。

▌训练小结

(1)当路由器端口 IP 地址配置错误时,可以重新进入端口,使用 undo ip address 命令删除 IP 地址,重新配置。

(2)开启过多的 debug 功能会耗费大量路由器资源,甚至可能会导致宕机。需要慎重使用开启批量 debug 功能的命令,如 bug all。

训 练 **3** 路由器的 OSPF 动态路由配置

OSPF 协议，是目前应用较广泛的路由协议之一，它属于内部网关路由协议，适用于各种规模的网络环境，是典型的链路状态（link-state）协议。

OSPF 协议作为基于链路状态的协议，具有收敛快、路由无环、扩展性好等优点，被快速接受并广泛使用。链路状态算法路由协议互相通告的是链路状态信息，每台路由器都将自己的链路状态信息，包含端口的 IP 地址和子网掩码、网络类型、该链路的开销等，发送给其他路由器，每台设备具有全网链路状态的数据库，路由器通过 SPF 算法，以自己为根，计算到达其他网络的最短路径，最终形成全网路由信息。

OSPF 协议属于无类路由协议，支持 VLSM。OSPF 是以组播的形式进行链路状态通告的。

在大型网络中，OSPF 支持区域的划分，用区域号（Area ID）来标识。划分区域时，必须要有 area 0 骨干区域。在一个 OSPF 区域中有且只有一个骨干区域。

▌训练描述

本训练模拟一个校园网，该校园网有 3 个区域，每个区域放置一台路由器，R1 放在教学区，R2 放在实训区，R3 放在宿舍区。每一区域连接一台计算机。3 台路由器相互连接，现要求 3 个区域全网互通，为了校园网后续扩展需要，要求在所有路由器上使用 OSPF 动态路由协议，且所有路由器都属于骨干区域。本训练的网络拓扑结构图如图 3.3.10 所示。

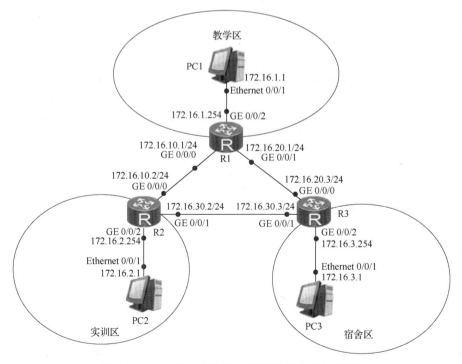

图 3.3.10　OSPF 动态路由配置网络拓扑结构图

■ 训练要求

路由器的 OSPF
动态路由配置

（1）添加 3 台 AR2220 路由器，分别更改标签名为 R1、R2、R3。
（2）每个路由器连接一台 PC。
（3）在 3 台路由器上配置 OSPF 动态路由协议，实现全网互通。

训练步骤

01 路由器 R1 的基本配置。

```
<Huawei>system-view
[Huawei]sysname R1
[R1]interface GigabitEthernet 0/0/0
[R1-GigabitEthernet0/0/0]ip address 172.16.10.1 24
[R1-GigabitEthernet0/0/0]interface GigabitEthernet 0/0/1
[R1-GigabitEthernet0/0/1]ip address 172.16.20.1 24
[R1-GigabitEthernet0/0/1]interface GigabitEthernet 0/0/2
[R1-GigabitEthernet0/0/2]ip address 172.16.1.254 24
[R1-GigabitEthernet0/0/2]quit
```

02 路由器 R2 的基本配置。

```
<Huawei>system-view
[Huawei]sysname R2
[R2]interface GigabitEthernet 0/0/0
[R2-GigabitEthernet0/0/0]ip address 172.16.10.2 24
[R2-GigabitEthernet0/0/0]interface GigabitEthernet 0/0/1
[R2-GigabitEthernet0/0/1]ip address 172.16.30.2 24
[R2-GigabitEthernet0/0/1]interface GigabitEthernet 0/0/2
[R2-GigabitEthernet0/0/2]ip address 172.16.2.254 24
```

03 路由器 R3 的基本配置。

```
<Huawei>system-view
[Huawei]sysname R3
[R3]interface GigabitEthernet 0/0/0
[R3-GigabitEthernet0/0/0]ip address 172.16.20.3 24
[R3-GigabitEthernet0/0/0]interface GigabitEthernet 0/0/1
[R3-GigabitEthernet0/0/1]ip address 172.16.30.3 24
[R3-GigabitEthernet0/0/1]interface GigabitEthernet 0/0/2
[R3-GigabitEthernet0/0/2]ip address 172.16.3.254 24
```

04 给 R1 配置 OSPF 动态路由。

```
[R1]ospf 1
[R1-ospf-1]area 0
[R1-ospf-1-area-0.0.0.0]network 172.16.10.0 0.0.0.255
```

```
[R1-ospf-1-area-0.0.0.0]network 172.16.20.0 0.0.0.255
[R1-ospf-1-area-0.0.0.0]network 172.16.1.0 0.0.0.255
```

05 给 R2 配置 OSPF 动态路由。

```
[R2]ospf 1
[R2-ospf-1]area 0
[R2-ospf-1-area-0.0.0.0]network 172.16.10.0 0.0.0.255
[R2-ospf-1-area-0.0.0.0]network 172.16.2.0 0.0.0.255
[R2-ospf-1-area-0.0.0.0]network 172.16.30.0 0.0.0.255
```

06 给 R3 配置 OSPF 动态路由。

```
[R3]ospf 1
[R3-ospf-1]area 0
[R3-ospf-1-area-0.0.0.0]network 172.16.20.0 0.0.0.255
[R3-ospf-1-area-0.0.0.0]network 172.16.30.0 0.0.0.255
[R3-ospf-1-area-0.0.0.0]network 172.16.3.0 0.0.0.255
```

07 查看 R1、R2、R3 的路由表。

```
<R1>display ip routing-table //查看 R1 的路由表
Route Flags: R - relay, D - download to fib
------------------------------------------------------------------
Routing Tables: Public
         Destinations : 16      Routes : 17

Destination/Mask   Proto   Pre Cost Flags NextHop      Interface

127.0.0.0/8        Direct 0    0    D     127.0.0.1    InLoopBack0
127.0.0.1/32       Direct 0    0    D     127.0.0.1    InLoopBack0
127.255.255.255/32 Direct 0    0    D     127.0.0.1    InLoopBack0
172.16.1.0/24      Direct 0    0    D     172.16.1.254 GigabitEthernet0/0/2
172.16.1.254/32    Direct 0    0    D     127.0.0.1    GigabitEthernet0/0/2
172.16.1.255/32    Direct 0    0    D     127.0.0.1    GigabitEthernet0/0/2
172.16.2.0/24      OSPF   10   2    D     172.16.10.2  GigabitEthernet0/0/0
172.16.3.0/24      OSPF   10   2    D     172.16.20.3  GigabitEthernet0/0/1
172.16.10.0/24     Direct 0    0    D     172.16.10.1  GigabitEthernet0/0/0
172.16.10.1/32     Direct 0    0    D     127.0.0.1    GigabitEthernet0/0/0
172.16.10.255/32   Direct 0    0    D     127.0.0.1    GigabitEthernet0/0/0
172.16.20.0/24     Direct 0    0    D     172.16.20.1  GigabitEthernet0/0/1
172.16.20.1/32     Direct 0    0    D     127.0.0.1    GigabitEthernet0/0/1
172.16.20.255/32   Direct 0    0    D     127.0.0.1    GigabitEthernet0/0/1
172.16.30.0/24     OSPF   10   2    D     172.16.20.3  GigabitEthernet0/0/1
                   OSPF   10   2    D     172.16.10.2  GigabitEthernet0/0/0
255.255.255.255/32 Direct 0    0    D     127.0.0.1    InLoopBack0

[R1]display ospf interface //查看 R1 的 OSPF 端口通告是否正确
```

```
OSPF Process 1 with Router ID 172.16.10.1
    Interfaces

Area: 0.0.0.0           (MPLS TE not enabled)
IP Address     Type       State  Cost Pri    DR           BDR
172.16.10.1  Broadcast  BDR      1     1     172.16.10.2  172.16.10.1
172.16.20.1  Broadcast  BDR      1     1     172.16.20.3  172.16.20.1
172.16.1.254 Broadcast  DR       1     1     172.16.1.254 0.0.0.0
```

```
<R2>display ip routing-table //查看 R2 的路由表
Route Flags: R - relay, D - download to fib
----------------------------------------------------------------
Routing Tables: Public
        Destinations : 16      Routes : 17

Destination/Mask Proto  Pre Cost Flags NextHop     Interface

127.0.0.0/8        Direct 0   0     D    127.0.0.1    InLoopBack0
127.0.0.1/32       Direct 0   0     D    127.0.0.1    InLoopBack0
127.255.255.255/32 Direct 0   0     D    127.0.0.1    InLoopBack0
172.16.1.0/24      OSPF   10  2     D    172.16.10.1  GigabitEthernet0/0/0
172.16.2.0/24      Direct 0   0     D    172.16.2.254 GigabitEthernet0/0/2
172.16.2.254/32    Direct 0   0     D    127.0.0.1    GigabitEthernet0/0/2
172.16.2.255/32    Direct 0   0     D    127.0.0.1    GigabitEthernet0/0/2
172.16.3.0/24      OSPF   10  2     D    172.16.30.3  GigabitEthernet0/0/1
172.16.10.0/24     Direct 0   0     D    172.16.10.2  GigabitEthernet0/0/0
172.16.10.2/32     Direct 0   0     D    127.0.0.1    GigabitEthernet0/0/0
172.16.10.255/32   Direct 0   0     D    127.0.0.1    GigabitEthernet0/0/0
172.16.20.0/24     OSPF   10  2     D    172.16.30.3  GigabitEthernet0/0/1
                   OSPF   10  2     D    172.16.10.1  GigabitEthernet0/0/0
172.16.30.0/24     Direct 0   0     D    172.16.30.2  GigabitEthernet0/0/1
172.16.30.2/32     Direct 0   0     D    127.0.0.1    GigabitEthernet0/0/1
172.16.30.255/32   Direct 0   0     D    127.0.0.1    GigabitEthernet0/0/1
255.255.255.255/32 Direct 0   0     D    127.0.0.1    InLoopBack0
```

```
[R2]display ospf interface //查看 R2 的 OSPF 端口通告是否正确
 OSPF Process 1 with Router ID 172.16.10.2
     Interfaces

 Area: 0.0.0.0           (MPLS TE not enabled)

 IP Address     Type       State  Cost Pri    DR           BDR
 172.16.10.2  Broadcast  DR       1     1   172.16.10.2   172.16.10.1
 172.16.30.2  Broadcast  BDR      1     1   172.16.30.3   172.16.30.2
 172.16.2.254 Broadcast  DR       1     1   172.16.2.254  0.0.0.0
```

```
<R3>display ip routing-table//查看 R3 的路由表
```

```
Route Flags: R - relay, D - download to fib
------------------------------------------------------------
Routing Tables: Public
         Destinations : 16      Routes : 17

Destination/Mask    Proto   Pre Cost Flags NextHop      Interface
127.0.0.0/8         Direct  0   0    D     127.0.0.1    InLoopBack0
127.0.0.1/32        Direct  0   0    D     127.0.0.1    InLoopBack0
127.255.255.255/32  Direct  0   0    D     127.0.0.1    InLoopBack0
172.16.1.0/24       OSPF    10  2    D     172.16.20.1  GigabitEthernet0/0/0
172.16.2.0/24       OSPF    10  2    D     172.16.30.2  GigabitEthernet0/0/1
172.16.3.0/24       Direct  0   0    D     172.16.3.254 GigabitEthernet0/0/2
172.16.3.254/32     Direct  0   0    D     127.0.0.1    GigabitEthernet0/0/2
172.16.3.255/32     Direct  0   0    D     127.0.0.1    GigabitEthernet0/0/2
172.16.10.0/24      OSPF    10  2    D     172.16.20.1  GigabitEthernet0/0/0
                    OSPF    10  2    D     172.16.30.2  GigabitEthernet0/0/1
172.16.20.0/24      Direct  0   0    D     172.16.20.3  GigabitEthernet0/0/0
172.16.20.3/32      Direct  0   0    D     127.0.0.1    GigabitEthernet0/0/0
172.16.20.255/32    Direct  0   0    D     127.0.0.1    GigabitEthernet0/0/0
172.16.30.0/24      Direct  0   0    D     172.16.30.3  GigabitEthernet0/0/1
172.16.30.3/32      Direct  0   0    D     127.0.0.1    GigabitEthernet0/0/1
172.16.30.255/32    Direct  0   0    D     127.0.0.1    GigabitEthernet0/0/1
255.255.255.255/32  Direct  0   0    D     127.0.0.1    InLoopBack0

[R3]display ospf interface //查看 R3 的 OSPF 端口通告是否正确
OSPF Process 1 with Router ID 172.16.20.3
        Interfaces

Area: 0.0.0.0          (MPLS TE not enabled)
IP Address      Type       State Cost Pri DR            BDR
172.16.20.3     Broadcast  DR    1    1   172.16.20.3   172.16.20.1
172.16.30.3     Broadcast  DR    1    1   172.16.30.3   172.16.30.2
172.16.3.254    Broadcast  DR    1    1   172.16.3.254  0.0.0.0
```

08 测试 PC1、PC2、PC3 间的连通性。

```
PC1:
PC>ping 172.16.2.1
PC>ping 172.16.3.1

PC2:
PC>ping 172.16.1.1
PC>ping 172.16.3.1

PC3:
PC>ping 172.16.1.1
PC>ping 172.16.2.1
```

//可以观察到，通信正常

▍训练小结

（1）在路由器上发布直连网段时，要写该网段的反子网掩码。

（2）在路由器上发布直连网段时，必须指明所属的区域。

训练 4 路由器的路由重分布配置

不同的网络会根据自身的实际情况来选用路由协议。例如，有些网络规模很小，为了管理简单，部署了 RIP；有些网络复杂，部署了 OSPF 协议。不同路由协议之间不能直接共享各自的路由信息，需要配置路由重分布来实现，也叫路由引入。

把 RIP 引入 OSPF 协议叫作"引入 RIP"，当把路由信息引入路由协议进程后，这些路由信息就可以在路由协议进程中进行通告了。通过配置引入，一种路由协议可以自动获得来自另一种协议的所有路由信息。

▍训练描述

某校园网分两个区域，路由器 R1 分别连接校本部和分校区，R1 左侧端口连接的是校本部，内部网络运行 OSPF 协议，R1 右侧端口连接的是分校区，内部网络运行 RIPV2 路由协议。两个校区都属于骨干区域，现在这两个校区之间需要相互通信，由于两个校区使用不同的路由协议，现需要在路由器 R1 上配置路由重发布技术（双向路由引入）。本训练的网络拓扑结构图如图 3.3.11 所示。

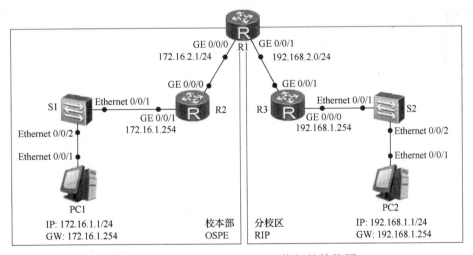

图 3.3.11 路由重分布配置网络拓扑结构图

■ 训练要求

（1）添加 3 台 AR2220 路由器，分别更改标签名为 R1、R2、R3，R1 既连接校本部又连接分校区。

（2）添加两台 S3700 二层交换机，分别更改标签名为 S1 和 S2。

路由器的路由重分布配置

（3）添加两台 PC，即 PC1、PC2。

（4）用双绞线，根据端口连接起来。

训练步骤

01 路由器 R1 的基本配置。

```
<Huawei>system-view
[Huawei]sysname R1
[R1]int GigabitEthernet 0/0/0
[R1-GigabitEthernet0/0/0]ip address 172.16.2.1 24
[R1-GigabitEthernet0/0/0]int GigabitEthernet 0/0/1
[R1-GigabitEthernet0/0/1]ip address 192.168.2.1 24
```

02 路由器 R2 的基本配置。

```
<Huawei>system-view
[Huawei]sysname R2
[R2]interface GigabitEthernet0/0/0
[R2-GigabitEthernet0/0/0]ip address 172.16.2.2 24
[R2-GigabitEthernet0/0/0]interface GigabitEthernet0/0/1
[R2-GigabitEthernet0/0/1]ip address 172.16.1.254 24
```

03 路由器 R3 的基本配置。

```
<Huawei>system-view
[Huawei]sysname R3
[R3]interface GigabitEthernet0/0/0
[R3-GigabitEthernet0/0/0]ip address 192.168.1.254 24
[R3-GigabitEthernet0/0/0]interface GigabitEthernet0/0/1
[R3-GigabitEthernet0/0/1]ip address 192.168.2.3 24
```

04 给 R1、R2 搭建 OSPF 动态路由网络。

```
[R1]ospf 1
[R1-ospf-1]area 0
[R1-ospf-1-area-0.0.0.0]network 172.16.2.0 0.0.0.255

[R2]ospf 1
[R2-ospf-1]area 0
[R2-ospf-1-area-0.0.0.0]network 172.16.2.0 0.0.0.255
[R2-ospf-1-area-0.0.0.0]network 172.16.1.0 0.0.0.255
```

05 给 R1、R3 搭建 RIPV2 动态路由网络。

```
[R1]rip 1                        //启动 RIP，进程号为 1
[R1-rip-1]version 2              //启用 RIPv2 版本
[R1-rip-1]undo summary           //关闭自动汇总
[R1-rip-1]network 192.168.2.0    //通告端口所在网段，R1 在 RIP 中仅通告
GE0/0/1 端口所在的网段

[R3]rip 1
[R3-rip-1]version 2
[R3-rip-1]undo summary
[R3-rip-1]network 192.168.1.0
[R3-rip-1]network 192.168.2.0
```

06 配置路由重发布（双向路由引入）。

```
[R1]ospf 1
[R1-ospf-1]import-route rip 1
//在 R1 的 OSPF 进程中使用 import-route rip 命令引入 RIP

[R1]rip 1
[R1-rip-1]import-route ospf 1
//在 R1 的 RIP 进程中使用 import-route ospf 命令引入 OSPF 协议
```

07 查看 R2、R3 的路由表。

```
<R2>display ip routing-table

Route Flags: R - relay, D - download to fib
------------------------------------------------------------------
Routing Tables: Public
         Destinations : 12        Routes : 12

Destination/Mask   Proto  Pre Cost Flags NextHop      Interface

127.0.0.0/8        Direct 0   0    D     127.0.0.1    InLoopBack0
127.0.0.1/32       Direct 0   0    D     127.0.0.1    InLoopBack0
127.255.255.255/32 Direct 0   0    D     127.0.0.1    InLoopBack0
172.16.1.0/24      Direct 0   0    D     172.16.1.254 GigabitEthernet0/0/1
172.16.1.254/32    Direct 0   0    D     127.0.0.1    GigabitEthernet0/0/1
172.16.1.255/32    Direct 0   0    D     127.0.0.1    GigabitEthernet0/0/1
172.16.2.0/24      Direct 0   0    D     172.16.2.2   GigabitEthernet0/0/0
172.16.2.2/32      Direct 0   0    D     127.0.0.1    GigabitEthernet0/0/0
172.16.2.255/32    Direct 0   0    D     127.0.0.1    GigabitEthernet0/0/0
192.168.1.0/24     O_ASE  150 1    D     172.16.2.1   GigabitEthernet0/0/0
192.168.2.0/24     O_ASE  150 1    D     172.16.2.1   GigabitEthernet0/0/0
255.255.255.255/32 Direct 0   0    D     127.0.0.1    InLoopBack0

<R3>display ip routing-table
```

```
Route Flags: R - relay, D - download to fib
-------------------------------------------------------------------
Routing Tables: Public
         Destinations : 12      Routes : 12

Destination/Mask   Proto  Pre Cost Flags NextHop      Interface

127.0.0.0/8        Direct 0   0    D     127.0.0.1    InLoopBack0
127.0.0.1/32       Direct 0   0    D     127.0.0.1    InLoopBack0
127.255.255.255/32 Direct 0   0    D     127.0.0.1    InLoopBack0
172.16.1.0/24      RIP    100 4    D     192.168.2.1  GigabitEthernet0/0/1
172.16.2.0/24      RIP    100 4    D     192.168.2.1  GigabitEthernet0/0/1
192.168.1.0/24     Direct 0   0    D     192.168.1.254 GigabitEthernet0/0/0
192.168.1.254/32   Direct 0   0    D     127.0.0.1    GigabitEthernet0/0/0
192.168.1.255/32   Direct 0   0    D     127.0.0.1    GigabitEthernet0/0/0
192.168.2.0/24     Direct 0   0    D     192.168.2.3  GigabitEthernet0/0/1
192.168.2.3/32     Direct 0   0    D     127.0.0.1    GigabitEthernet0/0/1
192.168.2.255/32   Direct 0   0    D     127.0.0.1    GigabitEthernet0/0/1
255.255.255.255/32 Direct 0   0    D     127.0.0.1    InLoopBack0
```

08 手工配置引入时的开销值。

```
[R1]rip 1
[R1-rip-1]import-route ospf 1 cost 3

<R3>display ip routing-table
Route Flags: R - relay, D - download to fib
-------------------------------------------------------------------
Routing Tables: Public
         Destinations : 11      Routes : 11

Destination/Mask   Proto  Pre Cost Flags NextHop      Interface

127.0.0.0/8        Direct 0   0    D     127.0.0.1    InLoopBack0
127.0.0.1/32       Direct 0   0    D     127.0.0.1    InLoopBack0
127.255.255.255/32 Direct 0   0    D     127.0.0.1    InLoopBack0
172.16.2.0/24      RIP    100 4    D     192.168.2.1  GigabitEthernet0/0/1
192.168.1.0/24     Direct 0   0    D     192.168.1.254 GigabitEthernet0/0/0
192.168.1.254/32   Direct 0   0    D     127.0.0.1    GigabitEthernet0/0/0
192.168.1.255/32   Direct 0   0    D     127.0.0.1    GigabitEthernet0/0/0
192.168.2.0/24     Direct 0   0    D     192.168.2.3  GigabitEthernet0/0/1
192.168.2.3/32     Direct 0   0    D     127.0.0.1    GigabitEthernet0/0/1
192.168.2.255/32   Direct 0   0    D     127.0.0.1    GigabitEthernet0/0/1
255.255.255.255/32 Direct 0   0    D     127.0.0.1    InLoopBack0
```

09 测试 PC1、PC2 的连通性。

```
PC1:
```

```
PC>ping 192.168.1.1
Ping 192.168.1.1: 32 data bytes, Press Ctrl_C to break
From 192.168.1.1: bytes=32 seq=1 ttl=125 time=78 ms
From 192.168.1.1: bytes=32 seq=2 ttl=125 time=78 ms
From 192.168.1.1: bytes=32 seq=3 ttl=125 time=78 ms
From 192.168.1.1: bytes=32 seq=4 ttl=125 time=78 ms
From 192.168.1.1: bytes=32 seq=5 ttl=125 time=78 ms

--- 192.168.1.1 ping statistics ---
  5 packet(s) transmitted
  5 packet(s) received
  0.00% packet loss
  round-trip min/avg/max = 78/78/78 ms

PC2:
PC>ping 172.16.1.1
Ping 172.16.1.1: 32 data bytes, Press Ctrl_C to break
From 172.16.1.1: bytes=32 seq=1 ttl=125 time=62 ms
From 172.16.1.1: bytes=32 seq=2 ttl=125 time=93 ms
From 172.16.1.1: bytes=32 seq=3 ttl=125 time=62 ms
From 172.16.1.1: bytes=32 seq=4 ttl=125 time=78 ms
From 172.16.1.1: bytes=32 seq=5 ttl=125 time=63 ms

--- 172.16.1.1 ping statistics ---
  5 packet(s) transmitted
  5 packet(s) received
  0.00% packet loss
  round-trip min/avg/max = 62/71/93 ms
```
//可以观察到,通信正常

▌训 练 小 结 ▌

（1）当配置完端口 IP 地址等参数时，可以使用 display ip interface brief 来查看。

（2）不同的路由协议计算路由开销值的依据是不同的，开销值的大小和范围都是不同的。OSPF 协议的开销值基于带宽，值的范围很大，RIP 的开销值基于跳数，值的范围很小。

（3）在配置 OSPF 和 RIP 相互引入时一定要严谨。

（4）在华为通用路由平台上，当引入 OSPF 路由至 RIP 时，如果不指定开销值，开销值将默认为 1。网络管理员应该手工配置开销值以反映网络的真实情况。

■ 兴 趣 拓 展

BGP 基础配置

BGP 建立邻居
故障排除

BGP 路由引入
方法-network

BGP 路由引入
方法-import

项目四 网络的安全配置

项目说明

　　在已实现互联通信的网络中，为了增加内网访问外网的安全性，网络管理员会在路由器上设置访问策略（访问控制列表），限制内网与外网通信规则。访问列表提供了一种机制，它可以控制和过滤通过路由器的不同端口去往不同方向的信息流。这种机制允许用户使用访问列表来管理信息流，以制定内网的相关策略，同时也可通过网络地址转换来解决公网 IP 地址浪费和不足情况。例如，企业内部员工访问因特网不受限制，因特网用户有权访问公司的 Web 服务器和 E-mail 服务器等，这些功能都可以通过访问控制列表（access control list，ACL）和网络地址转换（network address translation，NAT）来达到目的。

　　本项目重点学习路由器的安全访问控制列表（ACL）技术和网络地址转换（NAT）技术。

知识目标

　　1. 理解访问控制列表的概念、分类和技术原理。

　　2. 理解基本访问控制列表与高级访问控制列表的区别及应用原则。

　　3. 了解网络地址转换的原理和作用。

　　4. 理解网络地址转换的分类。

技能目标

　　1. 能熟练配置基本访问控制列表。

　　2. 能熟练配置高级访问控制列表。

　　3. 能熟练配置静态 NAT 技术。

　　4. 能熟练配置动态 NAT 技术。

　　5. 能熟练配置网络地址端口转换（NAPT）技术。

6．能熟练配置 Easy IP 技术。

7．能熟练配置 NAT 映射技术。

思政案例四

素质目标

1．结合我国现行的网络安全法律、法规、标准和工程实施问题，使学生深刻理解遵纪守法的重要性。

2．通过网络攻击案例，使学生深刻意识到把好国家网络安全关的重要性。

任务一 ▌ **IP 访问列表**

访问控制列表 ACL 是一种由一条或多条指令的集合，指令里可以是报文的源地址、目标地址、协议类型、端口号等，根据这些指令设备来判断哪些数据接收，哪些数据需要拒绝接收。访问控制列表类似于一种数据包过滤器，被广泛应用于路由器和三层交换机。借助于访问控制列表，可以有效地控制用户对网络的访问，从而最大限度地保障网络安全。

按照用途不同，访问控制列表可以分为基本访问控制列表和高级访问控制列表。

一个 ACL 可以由多条"deny/permit"语句组成，每条语句描述一条规则（rule），每条规则有一个 Rule-ID。Rule-ID 可以由用户进行配置，也可以由系统自动根据步长生成，默认步长为 5，Rule-ID 默认按照配置先后顺序分配 0、5、10、15 等，匹配顺序按照 ACL 的 Rule-ID 的顺序，从小到大进行匹配。

基本访问控制列表：ACL 编号 2000 ~ 2999，只能使用报文的源 IP 地址、分片时间和生效时间段来定义规则。

高级访问控制列表：ACL 编号 3000 ~ 3999，可以使用报文的源 IP 地址、目的 IP 地址、协议类型、源端口号、目的端口号、生效时间来定义规则。

ACL 语法格式如图 4.1.1 所示。

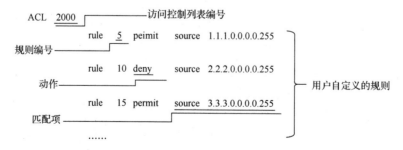

图 4.1.1 ACL 语法格式

ACL 组成如图 4.1.1 所示，具体介绍如下。

（1）访问控制列表编号：在配置 ACL 时，每个 ACL 都会分配一个编号，不同的编号代表不同的 ACL，编号范围为 2000 ~ 2999。

（2）用户自定义的规则：一个 ACL 通常由一条或多条"permit/deny"语句组成，一条语句就是一条规则。

（3）规则编号：每条规则都有一个相应的编号，用来标识 ACL 规则，可以由用户指定。

（4）动作：permit 代表允许，deny 代表拒绝，用来给规则设定相应动作。

（5）匹配项：可以是源 IP 地址、时间段信息等。

例如：acl 2000 rule 10 permit source 1.1.1.0 0.0.0.255，代表规则 10 允许源地址为 1.1.1.0/24 网段地址的报文通过。

本任务分以下两个训练进行学习。

训练 1 基本访问控制列表的配置。

训练 2 高级访问控制列表的配置。

训练 1 基本访问控制列表的配置

▌ 训练描述

本训练模拟企业网络环境，假设某公司的领导部门、财务部、销售部分属于 3 个不同的网段，三部门之间用路由器进行信息传递，为了安全起见，公司领导要求销售部不能对财务部进行访问，但领导部门可以对财务部进行访问。整网运行 OSPF 协议，并在区域 0 内。其中，PC1 代表领导部门主机，PC2 代表销售部主机，PC3 代表财务部主机，本训练的网络拓扑结构图如图 4.1.2 所示。

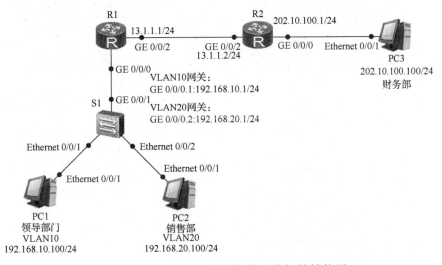

图 4.1.2 基本访问控制列表的网络拓扑结构图

▌ 训练要求

（1）添加 3 台计算机，分别命名为 PC1、PC2，PC3，根据网络拓扑结构图配置 IP 地址。

（2）添加一台二层交换机和两台路由器，分别命名为 S1、R1、R2。

（3）使用 OSPF 路由实现全网互通。

（4）在 R2 上配置标准访问控制列表，限制 PC2 所在的网络不能访问 PC3 所

基本访问控制 在的网络，但是允许 PC1 所在的网络访问 PC3 所在的网络。

列表的配置

训练步骤

01 二层交换机 S1 的配置。

```
<Huawei>sys
[Huawei]sysname  S1
[S1]vlan batch 10 20
[S1]interface Ethernet0/0/1
[S1-Ethernet0/0/1]port link-type access
[S1-Ethernet0/0/1]port default vlan 10
[S1-Ethernet0/0/1]quit
[S1]interface Ethernet0/0/2
[S1-Ethernet0/0/2]port link-type access
[S1-Ethernet0/0/2]port default vlan 20
[S1-Ethernet0/0/2]quit
[S1]interface GigabitEthernet 0/0/1
[S1-GigabitEthernet0/0/1]port link-type trunk
[S1-GigabitEthernet0/0/1]port trunk allow-pass vlan all
```

02 路由器 R1 的配置。

```
<Huawei>sys
[Huawei]sysname R1
[R1]interface GigabitEthernet0/0/0.1
[R1-GigabitEthernet0/0/0.1]ip address 192.168.10.1  24
[R1-GigabitEthernet0/0/0.1]dot1q termination vid 10
[R1-GigabitEthernet0/0/0.1]arp broadcast enable
[R1-GigabitEthernet0/0/0.1]quit
[R1]interface GigabitEthernet0/0/0.2
[R1-GigabitEthernet0/0/0.2]ip address 192.168.20.1  24
[R1-GigabitEthernet0/0/0.2]dot1q termination vid 20
[R1-GigabitEthernet0/0/0.2]arp broadcast enable
[R1-GigabitEthernet0/0/0.2]quit
[R1]interface GigabitEthernet0/0/2
[R1-GigabitEthernet0/0/2]ip address 13.1.1.1  24
[R1-GigabitEthernet0/0/2]quit
[R1]ospf 1
[R1-ospf-1]area 0
[R1-ospf-1-area-0.0.0.0]network 192.168.10.0  0.0.0.255
[R1-ospf-1-area-0.0.0.0]network 192.168.20.0  0.0.0.255
[R1-ospf-1-area-0.0.0.0]network 13.1.1.0  0.0.0.255
```

03 路由器 R2 的配置。

```
<Huawei>sys
[Huawei]sysname R2
[R2]interface GigabitEthernet0/0/2
[R2-GigabitEthernet0/0/2]ip address 13.1.1.2  24
[R2-GigabitEthernet0/0/2]quit
[R2]interface GigabitEthernet0/0/0
[R2-GigabitEthernet0/0/0]ip address 202.10.100.1  24
[R2-GigabitEthernet0/0/0]quit
[R2]ospf 1
[R2-ospf-1]area 0
[R2-ospf-1-area-0.0.0.0]network 13.1.1.0  0.0.0.255
[R2-ospf-1-area-0.0.0.0]network 202.10.100.0  0.0.0.255
```

04 PC1、PC2、PC3 三台主机分别按拓扑结构图中的 IP 地址进行配置。

05 没有配置 ACL 策略之前，验证全网互通。

（1）PC1 与 PC2、PC3 可以通信。

（2）PC2 与 PC1、PC3 可以通信。

06 R2 上配置基本访问控制列表。

```
[R2]acl 2000   //创建基本 ACL, 编号为 2000
[R2-acl-basic-2000]rule 5 deny source 192.168.20.0  0.0.0.255
//规则 (默认为 5) 拒绝 192.168.20.0 网段 IP 地址访问
[R2-acl-basic-2000]quit
[R2]interface GigabitEthernet0/0/0
[R2-GigabitEthernet0/0/0]traffic-filter outbound acl 2000
//在端口 g0/0/0 上应用 ACL2000, 设置在 outbound 方向
```

07 R2 上配置基本访问控制列表之后，验证通信情况。

（1）应用 ACL 后，PC1 仍然可以与 PC2、PC3 通信。

（2）应用 ACL 后，PC2 不能与 PC3 通信，但能与 PC1 通信，如图 4.1.3 所示。

图 4.1.3　PC2 与 PC3 测试结果

训 练 小 结

（1）基本访问控制列表的网络掩码是反掩码，编号从 2000～2999。

（2）其中，基本访问控制列表一般设置在目的端口，高级访问控制列表一般设置在源端口。

（3）其中，rule 5 这条命令的 5 可以是随机填的，这个数字就是代表，如果这个 ACL 里面设置了多条规则，那就按照这个数字从小到大一条一条执行，但是如果 ACL 中只有一条规则，可以不用写，默认是 5。

训 练 2 高级访问控制列表的配置

基本访问控制列表只能用于匹配源 IP 地址，而在实际应用当中往往需要针对数据包的其他参数进行匹配，如目的地址、协议号、端口号等，所以基本访问控制列表由于匹配的局限性而无法实现更多的功能，所以就需要使用高级访问控制列表。

高级访问控制列表在匹配项上做了扩展，编号范围为 3000～3999，既可使用报文的源 IP 地址，也可使用目的地址、IP 优先级、IP 协议类型、ICMP 类型、TCP 源端口/目的端口、UDP 源端口/目的端口号等信息来定义规则。

高级访问控制列表可以定义比基本访问控制列表更准确、更丰富、更灵活的规则，也因此而得到更加广泛的应用。

训练描述

本训练模拟企业网络环境，假设公司的领导部门、销售部、来访人员、财务部、服务器分属于 5 个不同的网段，5 个部门之间用路由器进行信息传递，为了安全起见，公司领导要求销售部不能对财务部进行访问，但领导部门可以对财务部进行访问。另外，还要求来访人员不能访问服务器的 FTP（file transfer protocol，文件传输协议）服务。整网运行 OSPF 协议，并在区域 0 内。其中，PC1 代表领导部门主机，PC2 代表销售部主机，PC3 代表财务部主机，Client1 代表来访人员主机，Server 代表服务器，本训练的网络拓扑结构图如图 4.1.4 所示。

Client1 用于作为 FTP 客户端，Server 用于作为 FTP 服务器，R1 只有 3 个 GE 端口，再添加一个 GE 端口模块，即 GE4/0/0。

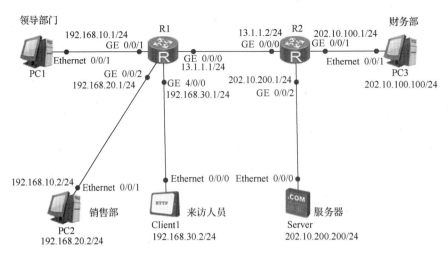

图 4.1.4 高级访问控制列表的网络拓扑结构图

训练要求

高级访问控制
列表的配置

（1）添加 3 台计算机、一台客户机、一台服务器，分别命名为 PC1、PC2、PC3、Client1、Server，根据网络拓扑结构图配置 IP 地址。

（2）添加两台路由器，分别命名为 R1、R2。

（3）使用 OSPF 路由实现全网互通。

（4）在 R1 上配置高级访问控制列表，限制 PC2 所在的网络不能访问 PC3 所在的网络，但是允许 PC1 所在的网络访问 PC3 所在的网络。另外，客户机 Client1 不能访问服务器 FTP 服务。

训练步骤

01 路由器 R1 的配置。

```
<Huawei>sys
[Huawei]sysname R1
[R1]interface GigabitEthernet0/0/0
[R1-GigabitEthernet0/0/0]ip address 13.1.1.1  24
[R1-GigabitEthernet0/0/]quit
[R1]interface GigabitEthernet0/0/1
[R1-GigabitEthernet0/0/1]ip address 192.168.10.1  24
[R1-GigabitEthernet0/0/1]quit
[R1]interface GigabitEthernet0/0/2
[R1-GigabitEthernet0/0/2]ip address 192.168.20.1  24
[R1-GigabitEthernet0/0/2]quit
[R1]interface GigabitEthernet4/0/0
[R1-GigabitEthernet4/0/0]ip address 192.168.30.1  24
[R1-GigabitEthernet0/0/2]quit
[R1]ospf 1
```

```
[R1-ospf-1]area 0
[R1-ospf-1-area-0.0.0.0]network 192.168.10.0  0.0.0.255
[R1-ospf-1-area-0.0.0.0]network 192.168.20.0  0.0.0.255
[R1-ospf-1-area-0.0.0.0]network 192.168.30.0  0.0.0.255
[R1-ospf-1-area-0.0.0.0]network 13.1.1.0  0.0.0.255
```

02 路由器 R2 的配置。

```
<Huawei>sys
[Huawei]sysname R2
[R2]interface GigabitEthernet0/0/0
[R2-GigabitEthernet0/0/0]ip address 13.1.1.2  24
[R2-GigabitEthernet0/0/0]quit
[R2]interface GigabitEthernet0/0/1
[R2-GigabitEthernet0/0/1]ip address 202.10.100.1  24
[R2-GigabitEthernet0/0/1]quit
[R2]interface GigabitEthernet0/0/2
[R2-GigabitEthernet0/0/2]ip address 202.10.200.1  24
[R2-GigabitEthernet0/0/2]quit
[R2]ospf 1
[R2-ospf-1]area 0
[R2-ospf-1-area-0.0.0.0]network 13.1.1.0  0.0.0.255
[R2-ospf-1-area-0.0.0.0]network 202.10.100.0  0.0.0.255
[R2-ospf-1-area-0.0.0.0]network 202.10.200.0  0.0.0.255
```

03 按照网络拓扑结构图对 PC1、PC2、PC3、Client1 及 Server 主机 IP 地址进行配置。

04 对服务器 Server 上 FTP 服务进行设置，如图 4.1.5 所示。服务器文件根目录指定为 D:\ftp，里面有 ftp.txt 文件。

4.1.5 设置 Server

05 对客户机 Client1 进行设置，如图 4.1.6 所示。客户机的本地文件列表指定为 E:\ftp，里面有 1.docx 文件。

图 4.1.6 设置 Client1

06 没有配置高级访问控制列表之前，验证全网互通。

（1）PC1 与 PC2、Client1、PC3、Server 可以通信。

（2）PC2 与 PC1、Client1、PC3、Server 可以通信。

（3）PC3 与 PC1、PC2、Client1、Server 可以通信。

（4）Client1 从 Server 上通过 FTP 服务上传和下载文件结果，如图 4.1.7 和图 4.1.8 所示。

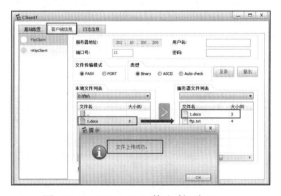

图 4.1.7 Client1 上传文件到 Server

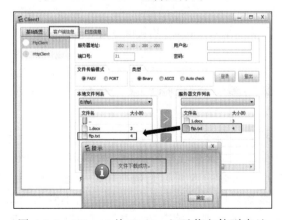

图 4.1.8 Client1 从 Server 上下载文件到本地

07 R1 上配置高级访问控制列表，并应用端口。

```
[R1]acl 3000
[R1-acl-adv-3000]rule 5 deny ip source 192.168.20.0  0.0.0.255
destination 202.10.100.0  0.0.0.255
[R1]int GigabitEthernet 0/0/2
[R1-GigabitEthernet0/0/2]traffic-filter inbound acl 3000
[R1-GigabitEthernet0/0/2]quit
[R1]acl 3001
[R1-acl-adv-3001]rule 5 deny tcp source 192.168.30.0 0.0.0.255
destination 202.10.200.0 0.0.0.255 destination-port eq 21
[R1]int GigabitEthernet 4/0/0
[R1-GigabitEthernet4/0/0]traffic-filter inbound acl 3001
```

08 R1 上应用高级访问控制列表之后，验证通信情况。

（1）PC2 不能 ping 通 PC3。

（2）客户机 Client1 界面单击"登出"按钮，再重新单击"登录"按钮来连接 Server 服务器，发现连接服务器失败。因此，应用高级访问控制列表后，Client1 不能访问 Server 的 FTP 服务，也就不能从 Server 上进行文件上传和下载，如图 4.1.9 所示。

图 4.1.9 Client1 连接服务器 Server 失败

▌训练小结▐

（1）高级访问控制列表的网络掩码是反掩码，编号为 3000～3999。

（2）基本访问控制列表一般设置在目的端口，高级访问控制列表一般设置在源端口。

（3）其中，rule 5 这条命令的 5 可以是随机填的，这个数字就是代表，如果这个访问控制列表里面设置了多条规则，那就按照这个数字从小到大一条一条执行，但是如果访问控制列表中只配置了一条规则，这个数字其实可以不用写，默认是 5。

（4）高级访问控制列表中同时有源地址、目的地址。

任务二 ▌ 网络地址转换

1. 什么是 NAT，为什么要做 NAT？

NAT 为网络地址转换，是将 IP 数据报文中的 IP 地址转换为另一个 IP 地址的过程。当内部 IP 想要访问外网时，NAT 主要实现内网和外网之间 IP 的转换，这种通过使用少量的公网 IP 地址代表较多的私网 IP 地址的方式，将有助于减缓可用 IP 地址空间的枯竭。

我们上网的时候，必须经过 NAT，在自己计算机上查到的 IP 地址（图 4.2.1）和访问因特网时的 IP 地址（图 4.2.2）是不一样的。

图 4.2.1　本机 IP 地址

图 4.2.2　因特网上的 IP 地址

也就是说，计算机的 IP 地址本来是 192.168.3.X，经过路由器去往因特网时，变成了 223.74.150.X，这里就用到了 NAT 技术。

2. 为什么要进行地址转换？

因为计算机上的地址都是私网地址，只能在内网用，不能进入因特网。

私网地址范围具体如下：

10.0.0.0 ~ 10.255.255.255

172.16.0.0 ~ 172.31.255.255

192.168.0.0 ~ 192.168.255.255

把 IP 地址分为私网地址和公网地址，是为了节省 IP 地址。如果不进入因特网时，内部都使用私网地址，这样私网地址就可以无限制地重复使用。但是如果进入因特网，就不能再使用私网地址了，否则地址就冲突了，所以要转成公网地址才可。

3. NAT 技术如何分类？

NAT 可以分为如下五类：静态 NAT、动态 NAT、网络地址端口转换（NAP translation，NAPT）、Easy IP、NAT 映射，前四类实现局域网访问因特网，最后一类实现外网主机访问内网服务器。本任务分以下五个训练进行学习。

训练 1　利用静态 NAT 实现局域网访问因特网。
训练 2　利用动态 NAT 实现局域网访问因特网。
训练 3　利用网络地址端口转换（NAPT）实现局域网访问因特网。
训练 4　利用 Easy IP 实现局域网访问因特网。
训练 5　利用 NAT 映射实现外网主机访问内网服务器。

训 练 1　利用静态 NAT 实现局域网访问因特网

静态 NAT 的核心任务就是建立并维护一张静态地址映射表，地址映射表反映了公网 IP 与私网 IP 之间的一一对应关系。在进行网络地址转换时，内部主机的 IP 地址与公网的 IP 地址是一对一静态绑定的，静态 NAT 中的公网地址只会对应一个私网地址，简单来说，一个私网地址对应一个公网地址。

▎训练描述

本训练模拟某企业网络环境，R1 是公司的出口网关路由器，公司内部员工连接到 R1 上，R2 模拟外网设备与 R1 直连。由于公司内部都是使用私网 IP 地址，为了实现公司内部员工可以访问外网，网络管理员需要在路由器 R1 上配置 NAT，应用静态 NAT 技术使员工可以访问外网。本训练的网络拓扑结构图如图 4.2.3 所示。

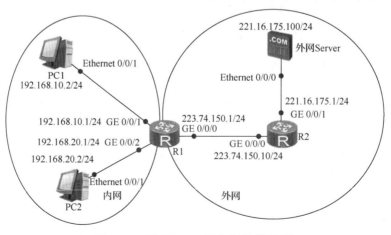

图 4.2.3　静态 NAT 网络拓扑结构图

训练要求

利用静态 NAT
实现局域网访
问因特网

（1）添加两台计算机、一台服务器，分别命名为 PC1、PC2、Server，根据网络拓扑结构图配置 IP 地址。

（2）添加两台路由器，分别命名为 R1、R2。

（3）使用 OSPF 路由实现全网互通。

（4）在 R1 上配置静态 NAT，以实现公司内部员工通过 PC1 和 PC2 可以访问外网 Server。

训练步骤

01 路由器 R1 的配置。

```
<Huawei>sys
[Huawei]sysname R1
[R1]interface GigabitEthernet0/0/0
[R1-GigabitEthernet0/0/0]ip address 223.74.150.1  24
[R1-GigabitEthernet0/0/0]quit
[R1]interface GigabitEthernet0/0/1
[R1-GigabitEthernet0/0/1]ip address 192.168.10.1  24
[R1-GigabitEthernet0/0/1]quit
[R1]interface GigabitEthernet0/0/2
[R1-GigabitEthernet0/0/2]ip address 192.168.20.1  24
[R1-GigabitEthernet0/0/2]quit
[R1]ip route-static 0.0.0.0 0.0.0.0 223.74.150.10
//缺省路由设置，也可以采用 ospf、Rip 路由协议
```

02 路由器 R2 的配置。

```
<Huawei>sys
[Huawei]sysname R2
[R2]interface GigabitEthernet0/0/0
[R2-GigabitEthernet0/0/0]ip address 223.74.150.10  24
[R2-GigabitEthernet0/0/0]quit
[R2]interface GigabitEthernet0/0/1
[R2-GigabitEthernet0/0/1]ip address 221.16.175.1  24
[R2-GigabitEthernet0/0/1]quit
[R2]ip route-static 0.0.0.0 0 223.74.150.1 //缺省路由设置
```

03 按照网络拓扑结构图要求完成 PC1、PC2、外网 Server 的 IP 地址配置。

04 测试在无 NAT 配置下的连通性。

（1）在 PC1 上使用 ping 命令给服务器发送数据包，如图 4.2.4 所示。

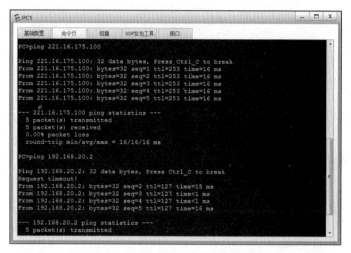

图 4.2.4　PC1 与外网 Server 连通性

（2）在路由器 R1 上 G 0/0/0 端口抓包，如图 4.2.5 所示。

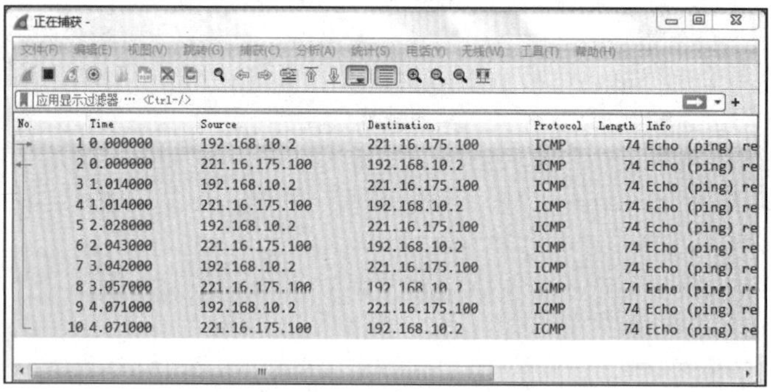

图 4.2.5　在 R1 上 G0/0/0 端口抓包

由图 4.2.5 的抓包信息可见，源地址为 192.168.10.2，目的地址是 221.16.175.100，内网 IP 信息完全公开。

05 静态 NAT 配置。

```
[R1]interface GigabitEthernet0/0/0
[R1-GigabitEthernet0/0/0]nat static global 223.74.150.2 inside
192.168.10.2
//nat static global 公网地址 inside 私网地址
```

06 静态 NAT 配置完成之后，进行抓包对比测试。

（1）在 PC1 使用 ping 命令再次对服务器发送数据包。

（2）查看 NAT 转换表项，如图 4.2.6 所示。

```
<R1>display nat static
```

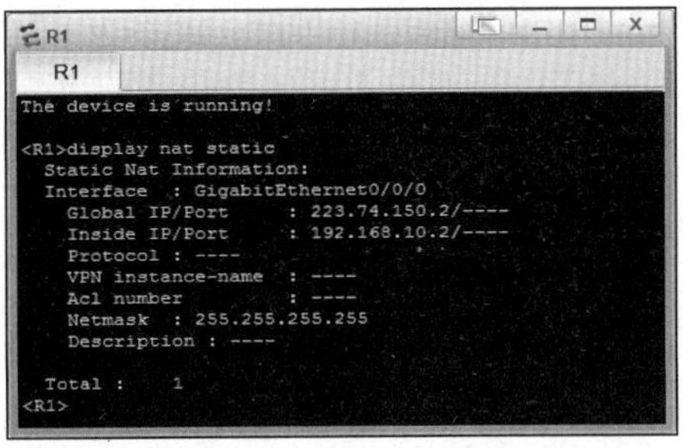

图 4.2.6　静态 NAT 转换表项

（3）在路由器 R1 上 G 0/0/0 端口抓包，如图 4.2.7 所示。

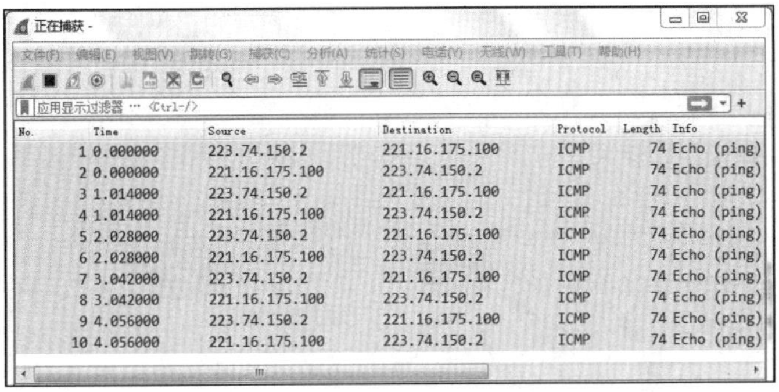

图 4.2.7　在 R1 上 G0/0/0 端口抓包

内网用户对外网进行访问时，数据包的源地址发生了变化，但是因为此时采用的是静态 NAT，所以数据包的源地址变成了 NAT 设备接入外网的公网地址，即图 4.2.7 中所示的 223.74.150.2，数据包返回的时候会将目的地址为 221.16.175.100 的数据包进行修改，目的地址将改为 192.168.10.2。

训练小结

（1）未配置静态 NAT 前，数据包中内网 IP 信息完全公开。

（2）配置静态 NAT 后，通过静态 NAT 进入外网的数据包中不包含内网 IP 地址。

（3）静态 NAT 实现了私网地址和公网地址的一对一转换，一个公网地址对应一个私网地址。

（4）静态 NAT 需要申请的宽带要有两个以上的可用公网 IP 地址。

训练 2　利用动态 NAT 实现局域网访问因特网

静态 NAT 严格地一对一进行地址映射，导致即便内网主机长时间离线或者不发送数据时，与之对应的公网地址也处于使用状态。为了避免 IP 地址浪费，动态 NAT 将所有公网地址放入一个 IP 地址池中。当内网的主机对外进行访问时，随机从地址池中选取一个公网地址与内网的主机地址建立映射关系，只要该主机与公网的会话还保持，该 IP 就仍然是与该主机对应的，不会被其他主机使用。

■ 训练描述

本训练模拟某企业网络环境，R1 是公司的出口网关路由器，公司内部员工连接到 R1 上，R2 模拟外网设备与 R1 直连。由于公司内部都是使用私网 IP 地址，为了实现公司内部员工可以访问外网，网络管理员需要在路由器 R1 上配置 NAT，应用动态 NAT 技术使员工可以访问外网。本训练的网络拓扑结构图如图 4.2.8 所示。

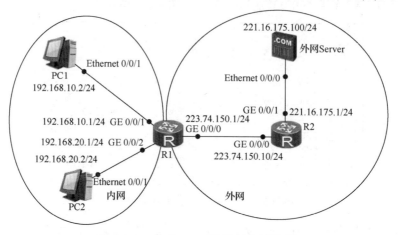

图 4.2.8　动态 NAT 网络拓扑结构图

■ 训练要求

利用动态 NAT
实现局域网访
问因特网

（1）添加两台计算机、一台服务器，分别命名为 PC1、PC2、Server，根据网络拓扑结构图配置 IP 地址。

（2）添加两台路由器，分别命名为 R1、R2。

（3）使用 OSPF 路由实现全网互通。

（4）在 R1 上配置动态 NAT，以实现公司内部员工通过 PC1 和 PC2 可以访问外网 Server。

训练步骤

01 路由器 R1 的配置。

提示：此步操作可参照任务二的训练 1，与训练 1 中 R1 的配置一致，这里就不再重复介绍。

02 路由器 R2 的配置。

提示：此步操作可参照任务二的训练 1，与训练 1 中 R2 的配置一致，这里就不再重复介绍。

03 按照网络拓扑结构图要求完成 PC1、PC2、外网 Server 的 IP 地址配置。

04 测试在无 NAT 配置下的连通性（全网互通）。

05 动态 NAT 配置。

```
[R1]acl 2000
[R1-acl-basic-2000]rule 5 permit source 192.168.10.0  0.0.0.255
//建立编号为 2000 的 acl，用来匹配源地址为 192.168.10.0/24 的数据包
[R1-acl-basic-2000]quit
[R1]nat address-group 1 223.74.150.2  223.74.150.6
//建立一个编号为 1 的 address-group，包含 223.74.150.2 - 223.74.150.6
共 5 个公网 IP
[R1]interface GigabitEthernet0/0/0
[R1-GigabitEthernet0/0/0]nat outbound 2000 address-group 1 no-pat
//在路由器 R1 的出端口，启用 NAT
```

06 配置完成之后，测试连通性，再查看端口数据包信息。

（1）在 PC1 使用 ping 命令再次对服务器发送数据包。

（2）查看 NAT 转换表项，如图 4.2.9 所示。

```
<R1>display nat outbound
```

图 4.2.9　动态 NAT 转换表项

（3）在路由器 R1 上 G 0/0/0 端口抓包，如图 4.2.10 所示。

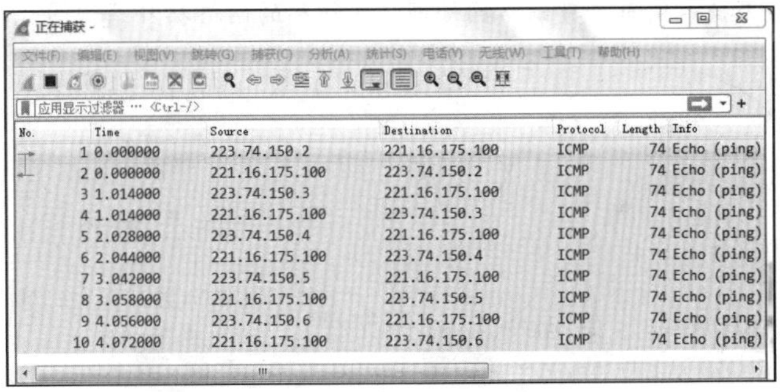

图 4.2.10　在 R1 上 G0/0/0 端口抓包

内网地址为 192.168.10.2 的主机想要访问外网地址为 221.16.175.100 的服务器，中间的 NAT 设备在接收到该访问数据包后，将从所定义好的地址池中选取一个地址，将数据包的源地址改写为该地址，数据包的源地址发生了变化，当数据返回时，NAT 设备将依照地址的对应关系，将发向这个地址的数据包的目的地址改为 192.168.10.2。

■ 训练小结 ■

（1）未配置动态 NAT 前，数据包中内网 IP 信息完全公开。

（2）配置动态 NAT 后，通过动态 NAT 进入外网的数据包中不包含内网 IP 地址。

（3）动态 NAT 基于地址池来实现私网地址和公网地址的转换，转换是随机的。只转换地址，不转换端口，可多对多地址转换。

（4）动态 NAT 需要申请的宽带要有两个以上的可用公网 IP 地址。

（5）地址池创建编号和到端口应用的编号要保持一致。

训练 3　利用网络地址端口转换（NAPT）实现局域网访问因特网

网络地址端口转换（NAPT）则是把内部地址映射到外部网络的一个 IP 地址的不同端口上。它可以将中小型的网络隐藏在一个合法的 IP 地址后面。NAPT 与动态地址 NAT 不同，它将内部连接映射到外部网络中一个单独的 IP 地址上，同时在该地址上加一个由 NAT 设备选定的端口号。

NAPT 采用端口多路复用的方式。内部网络的所有主机均可共享一个合法的外部 IP 地址，以实现对因特网的访问，从而可以最大限度地节约 IP 地址资源；同时又可以保护那个网络内部的所有主机，有效地避免因特网的攻击。

■ 训练描述

本训练模拟某企业网络环境，R1 是公司的出口网关路由器，公司内部员工连接到 R1 上，R2 模拟外网设备与 R1 直连。由于公司内部都是使用私网 IP 地址，为了实现公司内部员工可以访问外网，网络管理员需要在路由器 R1 上配置 NAPT，应用 NAPT 技术使员工可以访问外网。本训练的网络拓扑结构图如图 4.2.11 所示。

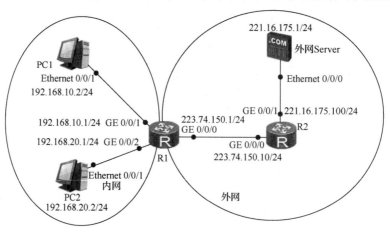

图 4.2.11　NAPT 网络拓扑结构图

训练要求

利用网络地址端
口转换（NAPT）
实现局域网访问
因特网

（1）添加两台计算机、一台服务器，分别命名为 PC1、PC2、Server，根据网络拓扑结构图配置 IP 地址。

（2）添加两台路由器，分别命名为 R1、R2。

（3）使用 OSPF 路由实现全网互通。

（4）在 R1 上配置 NAPT，以实现公司内部员工通过 PC1 和 PC2 可以访问外网 Server。

训练步骤

01 路由器 R1 的配置。

提示：此步操作可参照本任务二的训练 1，与训练 1 中 R1 的配置一致，这里就不再重复介绍。

02 路由器 R2 的配置。

提示：此步操作可参照本任务二的训练 1，与训练 1 中的 R2 配置一致，这里就不再重复介绍。

03 按照网络拓扑结构图要求完成 PC1、PC2、外网 Server 的 IP 地址配置。

04 测试在无 NAPT 配置下的连通性（全网互通）。

05 NAPT 配置。

```
[R1]acl 2000
[R1-acl-basic-2000]rule 5 permit source 192.168.10.0  0.0.0.255
[R1-acl-basic-2000]rule 10 permit source 192.168.20.0  0.0.0.255
//建立编号为 2000 的 acl，用来匹配源需要转换的私网 IP 地址为
192.168.10.0/24、192.168.20.0/24 的数据包
[R1-acl-basic-2000]quit
[R1]nat address-group 1 223.74.150.2  223.74.150.6
//建立一个编号为 1 的 address-group，包含 5 个公网 IP
[R1]interface GigabitEthernet0/0/0
[R1-GigabitEthernet0/0/0]nat outbound 2000 address-group 1
//在路由器 R1 的出端口，启用 NAPT
```

06 配置完成之后，测试连通性，再查看端口数据包信息。

（1）PC1、PC2 使用 ping 命令再次对服务器发送数据包。

（2）查看 NAT 转换表项，如图 4.2.12 所示。

```
<R1>display nat outbound
```

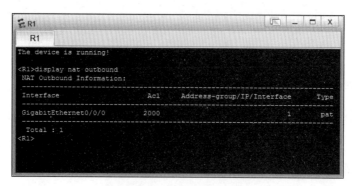

图 4.2.12　NAPT 转换表项

（3）在路由器 R1 上 G 0/0/0 端口抓包，根据抓包情况可知，PC1 和 PC2 都转换为相同的公网地址：223.74.150.4，如图 4.2.13 所示。

No.	Time	Source	Destination	Protocol	Length	Info
1	0.000000	223.74.150.4	221.16.175.100	ICMP	74	Echo (ping) r
2	0.000000	221.16.175.100	223.74.150.4	ICMP	74	Echo (ping) r
3	1.014000	223.74.150.4	221.16.175.100	ICMP	74	Echo (ping) r
4	1.014000	221.16.175.100	223.74.150.4	ICMP	74	Echo (ping) r
5	2.028000	223.74.150.4	221.16.175.100	ICMP	74	Echo (ping) r
6	2.028000	221.16.175.100	223.74.150.4	ICMP	74	Echo (ping) r
7	3.042000	223.74.150.4	221.16.175.100	ICMP	74	Echo (ping) r
8	3.058000	221.16.175.100	223.74.150.4	ICMP	74	Echo (ping) r
9	4.056000	223.74.150.4	221.16.175.100	ICMP	74	Echo (ping) r
10	4.072000	221.16.175.100	223.74.150.4	ICMP	74	Echo (ping) r
11	76.846000	223.74.150.4	221.16.175.100	ICMP	74	Echo (ping) r
12	76.862000	221.16.175.100	223.74.150.4	ICMP	74	Echo (ping) r
13	77.876000	223.74.150.4	221.16.175.100	ICMP	74	Echo (ping) r
14	77.876000	221.16.175.100	223.74.150.4	ICMP	74	Echo (ping) r
15	78.890000	223.74.150.4	221.16.175.100	ICMP	74	Echo (ping) r
16	78.890000	221.16.175.100	223.74.150.4	ICMP	74	Echo (ping) r
17	79.904000	223.74.150.4	221.16.175.100	ICMP	74	Echo (ping) r
18	79.904000	221.16.175.100	223.74.150.4	ICMP	74	Echo (ping) r
19	80.918000	223.74.150.4	221.16.175.100	ICMP	74	Echo (ping) r
20	80.918000	221.16.175.100	223.74.150.4	ICMP	74	Echo (ping) r

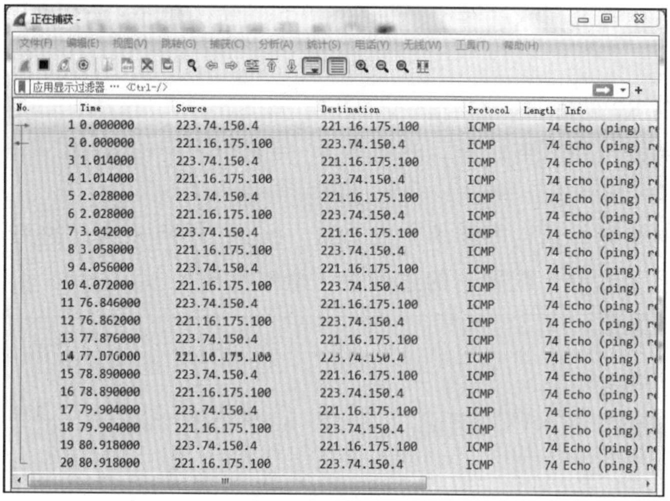

图 4.2.13　在 R1 上 G0/0/0 端口抓包

当多个用户同时使用 NAT 时，使用 NAPT 技术。当 192.168.10.2 向服务器发起 HTTP 访问，其发送的数据包端口为 1024，目的端口为 80；当 192.168.20.2 向服务器也发起 HTTP 访问时，假设其发送端口也是 1024，目的端口为 80，则此时在 NAT 设备上需要进行端口的修改。NAPT 的端口修改是按照访问主机的先后顺序进行+1 操作的。当 192.168.10.2 用户先发起了访问，NAT 设备不做端口修改，只将源地址改为 223.74.150.4 然后转发，当 192.168.20.2 发起访问后，由于 1024 端口被占据，所以将其端口号+1，变为 1025，同时修改源地址，改为 223.74.150.4 然后转发。当数据返回时，分别按照 NAT 表中的对应关系进行转发即可。

训练小结

（1）NAPT 允许多个内部地址映射到同一个公网地址的不同端口（多对一）。

（2）通常适用于大型企业网络（申请多个固定的公网地址）。

（3）NAPT 需要定义地址池，不能直接使用出端口的地址。

（4）NAPT 有效缓解了公网地址短缺的问题。

（5）IP 地址转换时，NAPT 不仅记录 IP 地址的转换关系，还要记录端口号的对应关系，这样才能区分不同的私网 IP。

训练 4 利用 Easy IP 实现局域网访问因特网

以路由器的出端口地址代理所有内网地址访问因特网，属于一个公网地址对应多个内网地址。属于 NAPT 的一种。

■ 训练描述

本训练模拟某企业网络环境，R1 是公司的出口网关路由器，公司内部员工连接到 R1 上，R2 模拟外网设备与 R1 直连。由于公司内部都是使用私网 IP 地址，为了实现公司内部员工可以访问外网，网络管理员需要在路由器 R1 上配置 Easy IP，应用 Easy IP 技术使员工可以访问外网。本训练的网络拓扑结构图如图 4.2.14 所示。

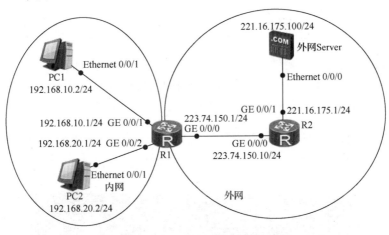

图 4.2.14　Easy IP 网络拓扑结构图

■ 训练要求

利用 Easy IP 实现局域网访问因特网

（1）添加两台计算机、一台服务器，分别命名为 PC1、PC2、Server，根据网络拓扑结构图配置 IP 地址。

（2）添加两台路由器，分别命名为 R1、R2。

（3）使用 OSPF 路由实现全网互通。

（4）在 R1 上配置 Easy IP，以实现公司内部员工通过 PC1 和 PC2 可以访问外网 Server。

训练步骤

01 路由器 R1 的配置。

提示：此步操作可参照任务二的训练 1，与训练 1 中 R1 的配置一致，这里就不再重复介绍。

02 路由器 R2 的配置。

提示：此步操作可参照任务二的训练 1，与训练 1 中的 R2 的配置一致，这里就不再重复介绍。

03 按网络拓扑结构图要求完成 PC1、PC2、外网 Server 的 IP 地址配置。

04 测试在无 Easy IP 配置下的连通性（全网互通）。

05 Easy IP 配置。

```
[R1]acl 2000
[R1-acl-basic-2000]rule 5 permit source 192.168.10.0  0.0.0.255
[R1-acl-basic-2000]rule 10 permit source 192.168.20.0  0.0.0.255
// 建立编号为 2000 的 acl，用来匹配源需要转换的私网 IP 地址为
192.168.10.0/24、192.168.20.0/24 的数据包
[R1-acl-basic-2000]quit
[R1]interface GigabitEthernet 0/0/0
[R1-GigabitEthernet0/0/0]nat outbound 2000
```

06 配置完成之后，测试连通性，再查看端口数据包信息。

（1）PC1、PC2 使用 ping 命令再次对服务器发送数据包。

（2）查看 NAT 转换表项，如图 4.2.15 所示。

```
<R1>display nat outbound
```

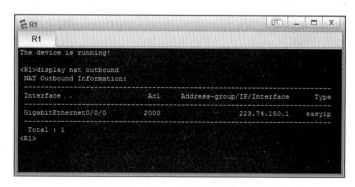

图 4.2.15　Easy IP NAT 转换表项

（3）在路由器 R1 上 G 0/0/0 端口抓包，根据抓包情况可知，PC1 和 PC2 都转换为相同公网地址：223.74.150.1（R1 上 G0/0/0 的 IP 地址），如图 4.2.16 所示。

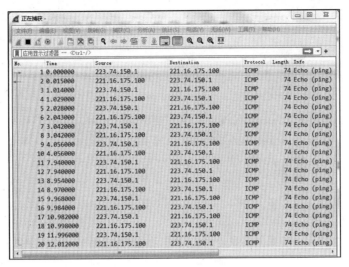

图 4.2.16　在 R1 上 G0/0/0 端口抓包

训 练 小 结

（1）Easy IP 直接把内部地址映射到网关出口地址上的不同端口，直接使用公网端口进行转发。

（2）Easy IP 不需要像 NAPT 那样创建公网地址池，也不需要知道公网地址池是多少。

（3）Easy IP 适用于小规模居于网中的主机访问网络的场景，如家庭、小型网吧、小型办公室中，这些地方内部主机不多。

（4）Easy IP 有效地缓解了公网地址紧缺和不固定的公网地址转换问题。

训 练 5　利用 NAT 映射实现外网主机访问内网服务器

服务器映射（NAT server）与 NAT 不一样，NAT 是从内网访问外网，NAT Server 是从公网访问内网服务。

训练描述

本训练模拟某企业网络环境，R1 是公司的出口网关路由器，公司内部员工和服务器连接到 R1 上，R2 模拟外网设备与 R1 直连。由于公司内部都是使用私网 IP 地址，为了实现公司内网服务器为公网的用户提供访问，网络管理员需要在路由器 R1 上配置 NAT 映射；使用 NAT 映射技术使外网用户可以访问内网服务器。本训练的网络拓扑结构图如图 4.2.17 所示。

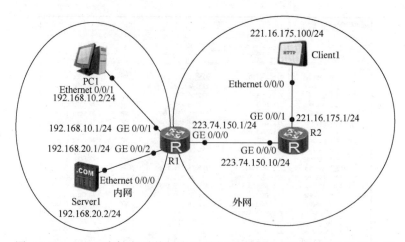

图 4.2.17　NAT 映射实现外网主机访问内网服务器的网络拓扑结构图

▌ 训练要求

利用 NAT 映射
实现外网主机访
问内网服务器

（1）添加一台计算机、一台服务器、一台 Client，分别命名为 PC1、Server1、Client1，根据网络拓扑结构图配置 IP 地址。

（2）添加两台路由器，分别命名为 R1、R2。

（3）使用 OSPF 路由实现全网互通。

（4）在 R1 上配置 NAT Server，以实现外网主机 Client1 访问内网服务器 Server1。

⬚ 训练步骤

01 路由器 R1 的配置。

提示：此步操作可参照任务二的训练 1，与训练 1 中 R1 的配置一致，这里就不再重复介绍。

02 路由器 R2 的配置。

提示：此步操作可参照任务二的训练 1，与训练 1 中 R2 的配置一致，这里就不再重复介绍。

03 按网络拓扑结构图要求完成 PC1、内网 Server1、外网 Client1 的基础配置。

（1）按照网络拓扑结构图完成 PC1 的 IP 地址配置。

（2）按照网络拓扑结构图完成内网 Server1 的 IP 地址和服务信息配置，如图 4.2.18 和图 4.2.19 所示。建立一个文件夹，使 Server1 能有根目录，选择单击"启动"按钮。

图 4.2.18　内网 Server1 的基础配置

图 4.2.19　内网 Server1 的服务器信息设置

（3）按照网络拓扑结构图完成外网 Client1 的 IP 地址和服务信息配置，如图 4.2.20 所示。

图 4.2.20　Client1 的基础配置

04 测试在无 NAT Server 配置下的连通性（全网互通）。

05 NAT Server 配置。

```
[R1]acl 2000
[R1-acl-basic-2000]rule 5 permit source 192.168.10.0  0.0.0.255
[R1-acl-basic-2000]rule 10 permit source 192.168.20.0  0.0.0.255
//建立编号为 2000 的 acl，用来匹配源需要转换的私网 IP 地址为
192.168.10.0/24、192.168.20.0/24 的数据包
[R1-acl-basic-2000]quit
[R1]interface GigabitEthernet 0/0/0
[R1-GigabitEthernet0/0/0]nat outbound 2000
//实现内网访问外网有多种方式（静态 NAT、动态 NAT、NAPT、Easy IP），本训练采
用了 Easy IP
[R1-GigabitEthernet0/0/0]nat  server  protocol  tcp  global
223.74.150.6 www inside
192.168.20.2 www
//把私网 IP www 服务映射成公网 IP www 服务，也可将 www 改成 80 端口
[R1-GigabitEthernet0/0/0]quit
```

06 配置完成之后，测试连通性，再查看端口数据包信息。

（1）在 PC1 上使用 ping 命令再次对外网用户 Client1 发送数据包。

（2）查看 NAT Server 转换表项，如图 4.2.21 所示。

```
<R1>display nat server
```

图 4.2.21　NAT Server 转换表项

（3）在路由器 R1 上 G 0/0/0 端口抓包，根据抓包情况可知，PC1 和 Server1 都转换为相同公网地址：223.74.150.1（R1 上 G 0/0/0 的 IP 地址），如图 4.2.22 所示。

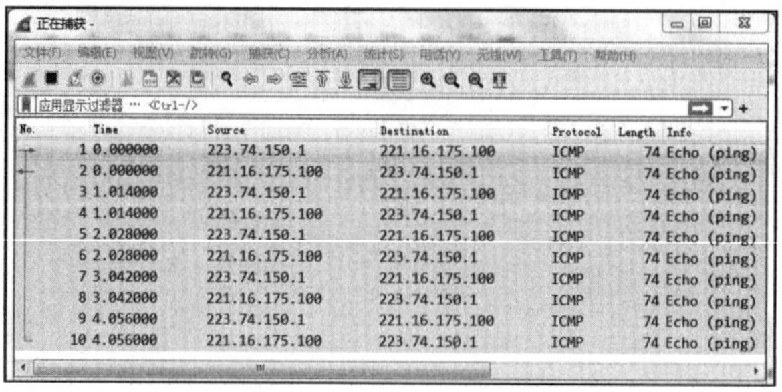

图 4.2.22　在 R1 上 G 0/0/0 端口抓包

（4）Client1 进行配置结果测试，如图 4.2.23 和图 4.2.24 所示。

图 4.2.23　外网 Client1 访问内网服务器 www 服务

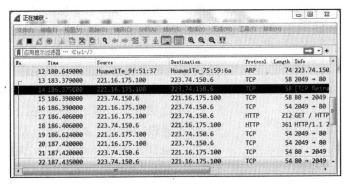

图 4.2.24　外网 Client1 访问内网服务器 www 服务（抓包）

训 练 小 结

（1）需要在网络出口设备上配置 NAT Server。

（2）内网 www 服务要映射到公网 www 服务，也可用 80 端口替代 www 服务。

兴 趣 拓 展

基于时间的 ACL

AAA 本地认证之 telnet 登录

项目五　无线网络的配置

项目说明

无线局域网（wireless local area network，WLAN）是指通过无线技术构建的无线局域网络。WLAN 广义上是指以无线电波、激光、红外线等无线信号来代替有线局域网中的部分或全部传输介质所构成的网络。在无线网络部署中，采用华为无线接入控制器（access controller，AC）来对无线接入点（access point，AP）提供控制和管理的企业无线网络环境，从而使企业网中的无线用户可以通过 AP 连接到企业网中。

AP 上线分为二层上线和三层上线：二层上线过程中 AP 是通过广播方式发现 AC。三层上线又分为 option 43 方式和 DNS 方式，option 43 方式中，AP 在获取 IP 地址的同时，直接获取了 AC 的 IP 地址，然后通过单播的方式发现 AC；DNS 方式中，AP 在获取自身 IP 地址的同时获取 DNS 服务器的地址和 AC 的域名，然后 AP 再向 DNS 服务器请求解析 AC 的域名，从而获得 AC 的 IP 地址，通过单播的方式发现 AC。

本项目重点学习无线二层、三层组网的应用。

知识目标

1. 理解 WLAN 的概念及作用。
2. 理解 WLAN 的工作原理。
3. 了解 WLAN 的配置步骤。
4. 理解 WLAN 的组网框架。

技能目标

1. 能熟练配置无线网络的接入。
2. 能熟练配置 WLAN 业务。
3. 能熟练管理 AC 和 AP 设备。

4. 掌握无线二层、三层组网在企业中的应用。

素质目标

思政案例五

1. 培养学生养成规范操作的网络工程师职业素养，强调遵守职业道德规范，确保网络设备调试过程中的安全和稳定。

2. 明确工作流程，培养精益求精的工匠精神。通过规范的工作流程和实践操作，培养学生精益求精、追求卓越的态度，提高工作质量和效率。

任务一 ▎无线二层组网的应用

WLAN 是一种无线计算机网络，使用无线信道代替有线传输介质连接两个或多个设备形成一个局域网（local area network，LAN），典型部署场景如家庭、学校、校园或企业办公楼等。通过 WLAN 技术，用户可以方便地接入无线网络，并在无线网络覆盖区域内自由移动，从而摆脱有线网络的束缚。

在企业场景下，通常有 FAT AP 和 AC+FIT AP 两种 WLAN 的组网架构。

FAT AP（又称为胖 AP）独立部署，独立完成 Wi-Fi 覆盖，不需要另外部署管控设备，通常应用于小型公司、办公室、家庭等无线场景，为用户提供极简的无线接入体验。FAT AP 独自控制用户的接入，用户无法实现无线漫游，因此中大规模组网不采用此方式。

"AC+FIT AP（FIT AP 又称为瘦 AP）"的模式目前广泛应用于大中型园区的 Wi-Fi 网络部署，具有方便集中管理、三层漫游、基于用户下发权限等优势。AC 的主要功能是通过 CAPWAP（control and provisioning of wireless access points protocol specification，无线接入点的控制和配置协议）隧道对所有 FIT AP 进行管理和控制。AC 统一给 FIT AP 下发配置，因此不需要对 AP 逐个进行配置，极大降低了 WLAN 的管控和维护成本。同时，因为用户的接入认证可以由 AC 统一管理，所以用户可以在 AP 间实现无线漫游。

训练描述

在某企业网无线部署中，采用"AC+FIT AP"集中式部署无线网络，企业用户通过 WLAN 接入网络，以满足移动办公的基本需求，并且在覆盖区域内移动发生漫游时，不影响无线用户的业务使用。

FIT AP 需要完成上线配置，AC 才能实现对 AP 的集中管理、控制和业务下发。AP 通过 DHCP 服务自动获取管理 IP 地址，并成功发现 AC 设备，进而与 AC 建立稳定的连接。

通过无线设备发射 2.4G 和 5G 信号，从而满足不同无线设备的使用。

本训练的网络拓扑结构图如图 5.1.1 所示。

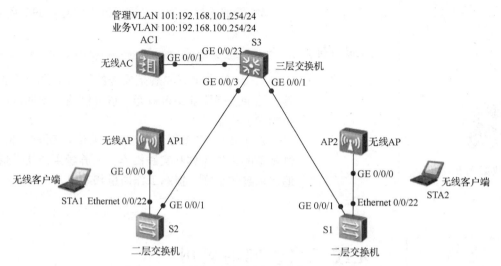

图 5.1.1　无线二层组网应用网络拓扑结构图

训练要求

（1）添加两台二层交换机（华为 S3700），两台三层交换机（华为 S5700），一台无线接入控制器（华为 AC6005），两台无线接入点（华为 AP2050），两台 STA 设备（无线客户端）。

（2）根据表 5.1.1 所示的设备配置信息，配置设备名称、VLAN ID 及 IP 地址等。

表 5.1.1　设备配置信息

设备	设备名称	设备端口	端口地址	VLAN
交换机	S1	GigaEthernet 0/0/1	Trunk	VLAN 100
		Ethernet 0/0/22	Trunk	VLAN 101
	S2	GigaEthernet 0/0/1	Trunk	VLAN 100
		Ethernet 0/0/22	Trunk	VLAN 101
	S3	GigaEthernet 0/0/1	Trunk	VLAN 100：
		GigaEthernet 0/0/3	Trunk	192.168.100.254/24
		GigaEthernet 0/0/23	Trunk	VLAN 101
无线控制器	AC1	GigaEthernet 0/0/1	Trunk	VLAN 100 VLAN 101： 192.168.101.254/24

（3）AC 组网方式：旁挂二层组网。

（4）配置 AC 控制器管理地址为 192.168.101.254/24，VLAN 101 为 AC 和 AP 之间管理 VLAN，配置 DHCP 地址池，使 AP 能够自动获取管理地址。

（5）配置三层交换机无线设备网关为 192.168.100.254/24，VLAN 100 为无线用户，配置 DHCP 地址池，使无线用户连接无线网络能够自动获取地址。

（6）无线 AC 对网络中所有无线 AP 进行集中管理，设置 AP 认证模式为 MAC（media access control，媒体访问控制）地址认证。

（7）业务数据转发方式：直接转发。

（8）配置无线 SSID、安全模板、VAP 模板等，具体配置信息如表 5.1.2 所示。

表 5.1.2　无线业务配置信息

AP 组	名称：ap-group1
	引用模板：VAP 模板 wlan-net
	域管理模板 default
域管理模板	名称：default
	国家码：中国
SSID 模板	名称：wlan-net
	SSID 名称：wlan-net
安全模板	名称：wlan-net
	安全策略：WPA-WPA2+PSK+AES
	密码：12345678
VAP 模板	名称：wlan-net
	转发模式：直接转发
	业务 VLAN：VLAN 100
	引用模板：SSID 模板 wlan-net
	安全模板 wlan-net

无线二层组
网的应用

（9）发布 2.4G 和 5G 无线信号，无线设备能够正常连接使用。

训练步骤

01 无线网络的接入。

（1）交换机 S1 做如下配置。

```
<Huawei>system-view
[Huawei]sysname S1
[S1]vlan batch 100 101                      //批量创建管理 VLAN 和业务 VLAN
[S1]interface GigabitEthernet 0/0/1
[S1-GigabitEthernet0/0/1]port link-type trunk
[S1-GigabitEthernet0/0/1]port trunk allow-pass vlan all
[S1]interface Ethernet 0/0/22
[S1-Ethernet0/0/22]port link-type trunk
[S1-Ethernet0/0/22]port trunk pvid vlan 101
```

```
//连接 AP 的端口需要指定端口的缺省 VLAN 为管理 VLAN
[S1-Ethernet0/0/22]port trunk allow-pass vlan all
```

（2）交换机 S2 做如下配置。

```
<Huawei>system-view
[Huawei]sysname S2
[S2]vlan batch 100 101
[S2]interface GigabitEthernet 0/0/1
[S2-GigabitEthernet0/0/1]port link-type trunk
[S2-GigabitEthernet0/0/1]port trunk allow-pass vlan all
[S2]interface Ethernet 0/0/22
[S2-Ethernet0/0/22]port link-type trunk
[S2-Ethernet0/0/22]port trunk pvid vlan 101
//连接 AP 的端口需要指定端口的缺省 VLAN 为管理 VLAN
[S2-Ethernet0/0/22]port trunk allow-pass vlan all
```

（3）交换机 S3 做如下配置。

```
<Huawei>system-view
[Huawei]sysname S3
[S3]vlan batch 100 101
[S3]interface Vlanif 100
[S3-Vlanif100]ip address 192.168.100.254 24
[S3]interface GigabitEthernet0/0/23
[S3-GigabitEthernet0/0/23]port link-type trunk
[S3-GigabitEthernet0/0/23]port trunk allow-pass vlan all
[S3]interface GigabitEthernet0/0/1
[S3-GigabitEthernet0/0/1]port link-type trunk
[S3-GigabitEthernet0/0/1]port trunk allow-pass vlan all
[S3]interface GigabitEthernet0/0/3
[S3-GigabitEthernet0/0/3]port link-type trunk
[S3-GigabitEthernet0/0/3]port trunk allow-pass vlan all
```

在三层交换机中开启 DHCP 服务，配置无线用户的 DHCP 地址池，设置网关、DNS、网段信息。

```
[S3]dhcp enable                        //开启 DHCP 服务
[S3]ip pool wifi_client                //配置 DHCP 地址池
[S3-ip-pool-wifi_client]network 192.168.100.0 mask 255.255.255.0
[S3-ip-pool-wifi_client]gateway-list 192.168.100.254
[S3-ip-pool-wifi_client]dns-list 8.8.8.8  //配置用户上网所需的 DNS 服
务器地址
[S3]interface Vlanif 100
[S3-Vlanif100]dhcp select global
//采用全局地址池的 DHCP 服务器分配功能
```

（4）无线控制器 AC1 做如下配置。

```
<AC6005>system-view
[AC6005]sysname AC1
[AC1]vlan batch 100 101
[AC1]interface Vlanif 101
[AC1-Vlanif101]ip address 192.168.101.254 24
[AC1]interface GigabitEthernet0/0/1
[AC1-GigabitEthernet0/0/1]port link-type trunk
[AC1-GigabitEthernet0/0/1]port trunk allow-pass vlan all
```

在无线接入控制器中开启 DHCP 服务，配置 AC 管理 AP 的 DHCP 地址池，设置网关、网段信息，此 DHCP 地址池用于 AP 获取 AC 管理地址，所以不需要设置 DNS 地址。

```
[AC1]dhcp enable                              //开启 DHCP 服务
[AC1]ip pool wifi_ap                          //配置 DHCP 地址池
[AC1-ip-pool-wifi_ap]network 192.168.101.0 mask 255.255.255.0
[AC1-ip-pool-wifi_ap]gateway-list 192.168.101.254
[AC1]interface Vlanif 101
[AC1-Vlanif101]dhcp select global
//采用全局地址池的 DHCP 服务器分配功能
```

02 AP 上线配置。

（1）AP1 做如下配置，查询 AP1 的 MAC 地址。

```
<Huawei>display arp
IP ADDRESS    MAC ADDRESS    EXPIRE(M) TYPE INTERFACE    VPN-INSTANCE
                                            VLAN
------------------------------------------------------------------------
192.168.101.18  00e0-fcde-4980            I - Vlanif1
------------------------------------------------------------------------
Total:1       Dynamic:0      Static:0      Interface:1
//查询结果中，00e0-fcde-4980 为 AP1 的 MAC 地址
```

（2）AP1 做如下配置，查询 AP2 的 MAC 地址。

```
<Huawei>display arp
IP ADDRESS    MAC ADDRESS    EXPIRE(M) TYPE INTERFACE    VPN-INSTANCE
                                            VLAN
------------------------------------------------------------------------
192.168.101.31  00e0-fcf5-2d00            I - Vlanif1
------------------------------------------------------------------------
Total:1       Dynamic:0      Static:0      Interface:1
//查询结果中，00e0-fcf5-2d00 为 AP2 的 MAC 地址
```

（3）无线控制器 AC1 做如下配置。

WLAN 网络中存在着大量的 AP，为了简化 AP 的配置操作步骤，可以将 AP 加入 AP 组中，在 AP 组中统一对 AP 进行配置。

```
[AC1]wlan
[AC1-wlan-view]ap-group name ap-group1          //创建 AP 组
```

配置域管理模板，在域治理模板下配置 AC 的国家码（华为无线设备的默认国家码为 CN），并在 AP 组下引用域治理模板。

国家码用来标识 AP 射频所在的国家，不同的国家码规定了不同的 AP 射频特性，包括 AP 的发送功率、支持的信道等。配置国家码是为了使 AP 的射频特性符合不同国家或地区的法律法规要求。

```
[AC1]wlan
[AC1-wlan-view]regulatory-domain-profile name default
//配置域管理模板
[AC1-wlan-regulate-domain-default]country-code CN
//配置国家码为 CN
[AC1-wlan-regulate-domain-default]quit          //返回至 wlan 视图下
[AC1-wlan-view]ap-group name ap-group1
[AC1-wlan-ap-group-ap-group1]regulatory-domain-profile default
Warning: Modifying the country code will clear channel, power and
antenna gain configurations of the radio and reset the AP. Continue?[Y/N]:y
//在 AP 组中绑定 default 域管理模板，且需要输入"y"表示同意
```

配置 AC 源端口，如果没有配置 AC 源端口，则 AC 与 AP 无法建立 CAPWAP 隧道，AP 无法实现上线。

```
[AC1]capwap source interface Vlanif 101
//配置 AC 源端口为 VLANIF 101，将 VLAN 101 设置为管理 VLAN
```

在 AC 上离线导入 AP1、AP2，采用 MAC 认证，设置 AP1、AP2 名称分别为 AP1、AP2，并将 AP1、AP2 加入 AP 组中。

```
[AC1]wlan
[AC1-wlan-view]ap auth-mode mac-auth    //配置认证模式为 MAC 地址认证
[AC1-wlan-view]ap-id 0 ap-mac 00e0-fcde-4980
//绑定 AP1 的 MAC 地址，在 ap-id 0 中，0 为该 ap 设置的顺序编号，不可重复
[AC1-wlan-ap-0]ap-name AP1              //设置 AP1 的名称
[AC1-wlan-ap-0]ap-group ap-group1       //将 AP1 加入 AP 组中
Warning: This operation may cause AP reset. If the country code
changes, it will clear channel, power and antenna gain configurations of
the radio, Whether to continue? [Y/N]:y     //需要输入"y"，表示确认此操作
[AC1-wlan-ap-0]quit                     //返回至 wlan 视图，绑定 AP2
[AC1-wlan-view]ap-id 1 ap-mac 00e0-fcf5-2d00
//绑定 AP2 的 MAC 地址，在 ap-id 1 中，1 为该 AP 设置的顺序编号，不可重复
[AC1-wlan-ap-1]ap-name AP2              //设置 AP2 的名称
[AC1-wlan-ap-1]ap-group ap-group1       //将 AP2 加入 AP 组中
Warning: This operation may cause AP reset. If the country code
changes, it will clear channel, power and antenna gain configurations of
the radio, Whether to continue? [Y/N]:y
```

03 AP 上线验证。

当执行命令 display ap all 查看到 AP 的 “State” 字段为 “nor” 时，表示 AP 正常上线，如图 5.1.2 所示。

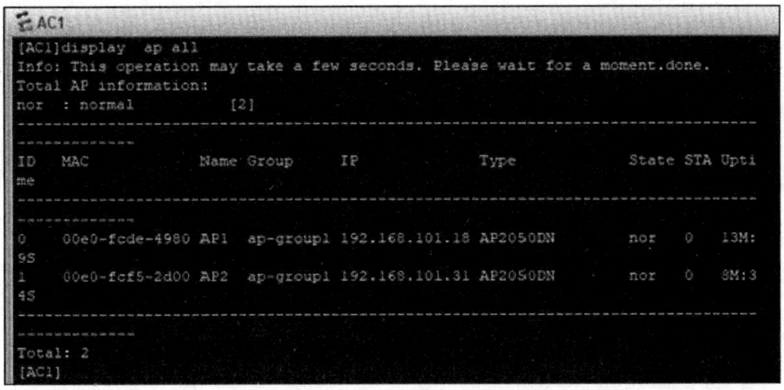

```
AC1
[AC1]display  ap all
Info: This operation may take a few seconds. Please wait for a moment.done.
Total AP information:
nor   : normal            [2]
--------------------------------------------------------------------------------
-------------
ID   MAC            Name Group      IP              Type            State STA Upti
me
--------------------------------------------------------------------------------
-------------
0    00e0-fcde-4980 AP1  ap-group1 192.168.101.18 AP2050DN        nor    0    13M:
9S
1    00e0-fcf5-2d00 AP2  ap-group1 192.168.101.31 AP2050DN        nor    0    8M:3
4S
--------------------------------------------------------------------------------
-------------
Total: 2
[AC1]
```

图 5.1.2　AP 上线验证

04 WLAN 业务参数配置及应用。

在无线控制器 AC1 中做如下配置：

配置 WLAN 业务参数，创建名为 “wlan-net” 的安全模板，并配置无线加密策略及无线认证密码。

```
    [AC1]wlan
    [AC1-wlan-view]security-profile name wlan-net       //创建安全模板
    [AC1-wlan-sec-prof-wlan-net]security  wpa-wpa2  psk  pass-phrase
12345678 aes              //配置 WPA-WPA2+PSK+AES 安全策略及无线认证密码
    Warning: The current password is too simple. For the sake of security,
you are advised to set a password containing at least two of the following:
lowercase letters a to z, uppercase letters A to Z, digits, and special
characters. Continue?[Y/N]:y  //需要输入"y"表示同意
```

SSID 为当 STA（station，即无线终端）在搜索可接入的无线网络时，它会显示出各种网络名称，这些网络名称就是 SSID。创建名为 “wlan-net” 的 SSID 模板，并配置 SSID 名称为 “wlan-net”。

```
    [AC1]wlan
    [AC1-wlan-view]ssid-profile name wlan-net          //创建 SSID 模板
    [AC1-wlan-ssid-prof-wlan-net]ssid wlan-net         //配置 SSID 名称
```

在 VAP 模板下配置各项参数，并在 AP 组中引用此 VAP 模板，VAP 将用于为 STA 提供无线接入服务。通过配置 VAP 模板下的参数，使 AP 具备为 STA 提供多样化无线业务服务的能力。

创建名为 “wlan-net” 的 VAP 模板，配置业务数据转发模式、业务 VLAN，并且引用安全模板和 SSID 模板。

```
    [AC1]wlan
    [AC1-wlan-view]vap-profile name wlan-net       //创建 VAP 模板
```

```
[AC1-wlan-vap-prof-wlan-net]forward-mode direct-forward
//配置直接转发方式
[AC1-wlan-vap-prof-wlan-net]service-vlan vlan-id 100
//配置业务 VLAN 为 VLAN 100
[AC1-wlan-vap-prof-wlan-net]security-profile wlan-net
//绑定安全模板
[AC1-wlan-vap-prof-wlan-net]ssid-profile wlan-net
//绑定 SSID 模板
```

射频模板主要用于优化射频的参数，以及配置信道切换业务不中断功能。射频分为
0 和 1，射频 0 为 2.4GHz 射频，射频 1 为 5GHz 射频，配置 AP 组引用 VAP 模板，AP
上射频 0 和射频 1 均使用 VAP 模板 "wlan-net" 的配置。

```
[AC1]wlan
[AC1-wlan-view]ap-group name ap-group1
[AC1-wlan-ap-group-ap-group1]vap-profile wlan-net wlan 1 radio 0
//配置 AP 上射频 0 使用 VAP 模板的配置
[AC1-wlan-ap-group-ap-group1]vap-profile wlan-net wlan 1 radio 1
//配置 AP 上射频 1 使用 VAP 模板的配置
```

配置完成后网络拓扑结构图上会出现无线信号圈，客户端只要在无线信号圈内，方
可连接 Wi-Fi，如图 5.1.3 所示。

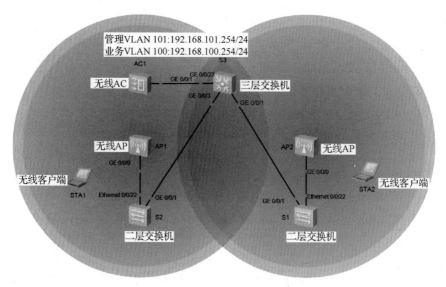

图 5.1.3　无线信号

05 训练测试。

（1）无线信号测试——STA1 设备连接 2.4G 无线信号，如图 5.1.4 所示。

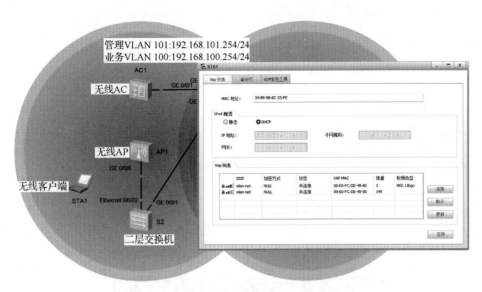

图 5.1.4　查看 AP 释放的无线信号

在图 5.1.4 中，选择信道"1"的信号，此为 2.4G 无线信号，单击右边的"连接"按钮。在弹出的对话框中输入无线认证密码，密码为之前 AC 控制中设置的密码，如图 5.1.5 所示。最后单击"确定"按钮。

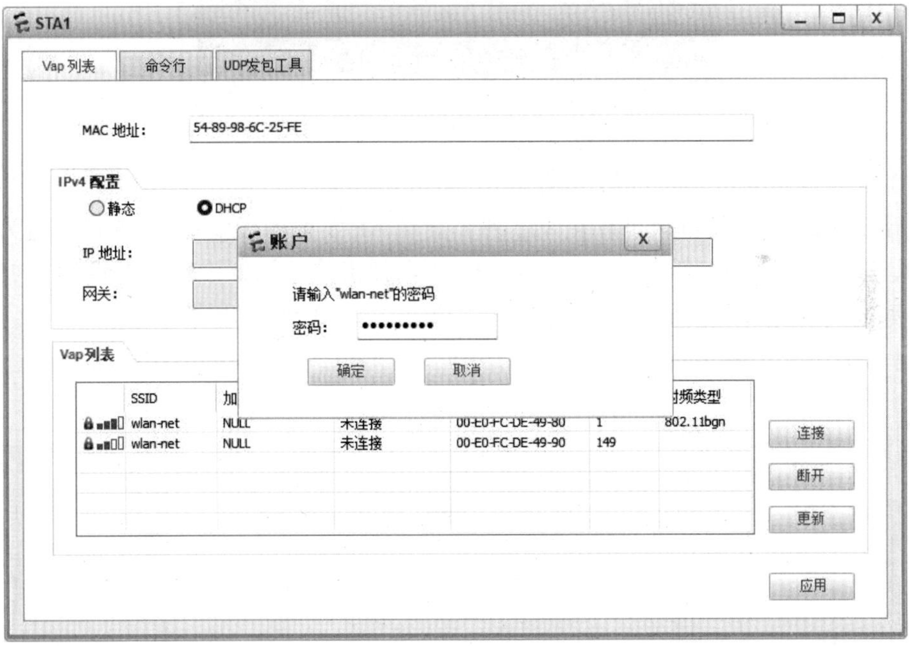

图 5.1.5　连接 2.4G 信号

连接完成后，Vap 列表中 SSID 显示的状态将变为"已连接"，如图 5.1.6 所示，在命令行模式执行 ipconfig 查询 STA 的 IP 地址，如图 5.1.7 所示。

图 5.1.6 查看 SSID 连接状态

图 5.1.7 STA1 自动获取 IP 地址

（2）无线信号测试——STA2 设备连接 5G 无线信号。

打开 STA2 的配置窗口，可以在 Vap 列表查看 AP 发射的无线信号。选择信道为"149"的信号，单击"连接"按钮，此信号为 5G 信号。在弹出的对话框中输入密码"12345678"，连接完成后，Vap 列表中 SSID 显示的状态将变为"已连接"，如图 5.1.8 所示。

图 5.1.8 STA2 连接 5G 无线信号

在命令行模式执行 ipconfig 查询 STA 的 IP 地址，如图 5.1.9 所示。

STA2
Vap 列表
命令行
UDP发包工具
Welcome to use STA Simulator!
STA>ipconfig
Link local IPv6 address...........: ::
IPv6 address......................: :: / 128
IPv6 gateway......................: ::
IPv4 address......................: 192.168.100.252
Subnet mask.......................: 255.255.255.0
Gateway...........................: 192.168.100.254
Physical address..................: 54-89-98-8B-57-B8
DNS server........................: 8.8.8.8
STA>

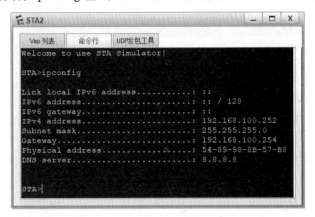

图 5.1.9　STA2 自动获取 IP 地址

（3）测试 STA1 与 STA2 设备之间的连通性，如图 5.1.10 所示。

STA1
Vap 列表
命令行
UDP发包工具
STA>
STA>ping 192.168.100.252
Ping 192.168.100.252: 32 data bytes, Press Ctrl_C to break
From 192.168.100.252: bytes=32 seq=1 ttl=128 time=266 ms
From 192.168.100.252: bytes=32 seq=2 ttl=128 time=250 ms
From 192.168.100.252: bytes=32 seq=3 ttl=128 time=282 ms
From 192.168.100.252: bytes=32 seq=4 ttl=128 time=265 ms
From 192.168.100.252: bytes=32 seq=5 ttl=128 time=266 ms
--- 192.168.100.252 ping statistics ---
5 packet(s) transmitted
5 packet(s) received
0.00% packet loss
round-trip min/avg/max = 250/265/282 ms
STA>

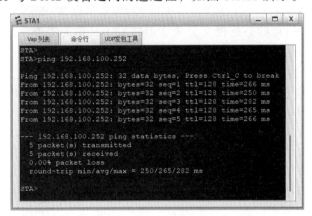

图 5.1.10　连通性测试

（4）查看 SSID 连接状态。通过 display station ssid [SSID name]命令查询 SSID 连接状态，如图 5.1.11 所示。

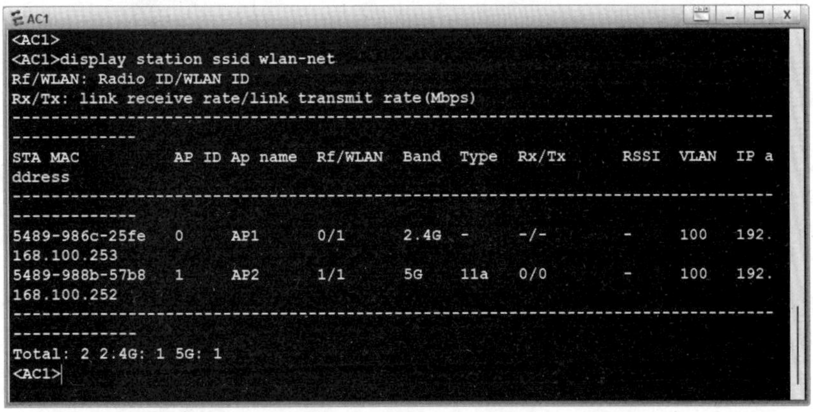

AC1
<AC1>
<AC1>display station ssid wlan-net
Rf/WLAN: Radio ID/WLAN ID
Rx/Tx: link receive rate/link transmit rate(Mbps)
STA MAC AP ID Ap name Rf/WLAN Band Type Rx/Tx RSSI VLAN IP a
ddress
5489-986c-25fe 0 AP1 0/1 2.4G - -/- - 100 192.
168.100.253
5489-988b-57b8 1 AP2 1/1 5G 11a 0/0 - 100 192.
168.100.252
Total: 2 2.4G: 1 5G: 1
<AC1>

图 5.1.11　SSID 连接状态

训 练 小 结

（1）在无线网络中，通常需要规划两个 VLAN，一个 VLAN 为 AC 和 AP 之间管理 VLAN，另一个 VLAN 为无线用户业务 VLAN。

（2）在华为 DHCP 服务中，具有端口模式和全局模式两种模式，本任务采用是全局模式。

（3）在无线网络配置中，需要配置交换机与 AP 相连接的端口类型为 Trunk，并设置 Trunk PVID 为 AC 与 AP 之间管理 VLAN。

（4）在华为网络设备中，子网掩码有两种表示方式：一种是以位数表示，如 24；另一种是以十进制数表示，如 255.255.255.0。

（5）WLAN 业务数据转发。

CAPWAP 中的数据包括控制报文（管理报文）和数据报文。控制报文是通过 CAPWAP 的控制隧道转发的；用户的数据报文分为隧道转发（又称为集中转发）方式和直接转发（又称为本地转发）方式。

隧道转发方式：隧道转发方式是指用户的数据报文到达 AP 后，需要经过 CAPWAP 隧道封装后发送给 AC，然后由 AC 再转发到上层网络。隧道转发方式如图 5.1.12 所示。

直接转发方式：直接转发方式是指用户的数据报文到达 AP 后，不经过 CAPWAP 隧道的封装而直接转发到上层网络。直接转发方式如图 5.1.13 所示。

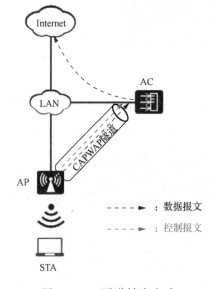

图 5.1.12　隧道转发方式

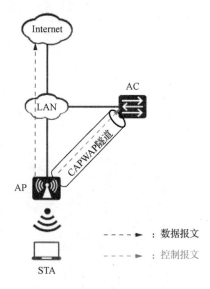

图 5.1.13　直接转发方式

任务二 ｜ 无线三层组网的应用

▌训练描述

本任务中，在 AC 和 AP 之间的三层网络中，AP 无法通过发送广播请求报文来发现 AC。因此，需要采用 DHCP 或 DNS 方式动态发现。本任务采用 DHCP 部署方式。在交换机 S2 上为 AP 配置 DHCP 中继，AC 为管理 VLAN 的 DHCP 服务器，并配置 option43 字段指定 AC 的源端口地址。

通过三层组网 AC 下发无线配置信息至 AP 上，无线网络发射 2.4G 和 5G 信号，从而满足不同设备的连接使用。

本训练的网络拓扑结构图如图 5.2.1 所示。

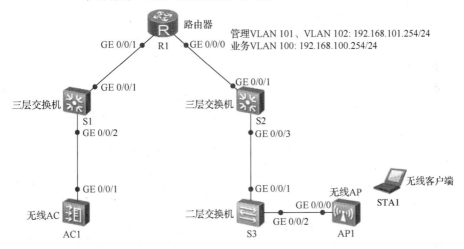

图 5.2.1　无线三层组网应用网络拓扑结构图

▌训练要求

（1）添加一台二层交换机（华为 S3700），两台三层交换机（华为 S5700），一台无线接入控制器（华为 AC6005），一台无线接入点（华为 AP2050），一台路由器（华为），两台 STA 设备（无线客户端）。

（2）根据表 5.2.1 所示的设备配置信息，配置设备名称、VLAN ID 及 IP 地址。

表 5.2.1　设备配置信息

设备	设备名称	设备端口	端口地址	VLAN
路由器	R1	GigaEthernet 0/0/0	10.1.1.5/30	
		GigaEthernet 0/0/1	10.1.1.1/30	

续表

设备	设备名称	设备端口	端口地址	VLAN
交换机	S1	GigaEthernet 0/0/1	VLAN 110 10.1.1.2/30	VLAN 110
		GigaEthernet 0/0/2	VLAN 102 192.168.102.2/24	VLAN 102
	S2	GigaEthernet 0/0/1	VLAN 110 10.1.1.6/30	VLAN 100： 192.168.100.254/24
		GigaEthernet 0/0/3	Trunk	VLAN 101： 192.168.101.254/24
	S3	GigaEthernet 0/0/1	Trunk	VLAN 100
		GigaEthernet 0/0/2	Trunk	VLAN 101
无线控制器	AC1	GigaEthernet 0/0/1	VLAN 102 192.168.102.1/24	VLAN 102

（3）采用 OSPF 动态路由协议组建基础网络。

（4）AC 组网方式：旁挂三层组网。

（5）DHCP 部署方式：AC1 作为 DHCP 服务器为 AP 分配 IP 地址，并且在 AP 的地址池中配置 option43 字段指定 AC 源端口地址；S2 三层交换机作为 DHCP 服务器为 VLAN 100 无线用户分配 IP 地址，使无线用户连接无线网络能够自动获取地址。

（6）通过使用无线 AC 对网络中的无线 AP 进行管理，设置 AP 认证模式为 MAC 地址认证；AC 与 AP 建立管理隧道的源端口为 AC 上的 VLAN 102。

（7）业务数据转发方式：直接转发。

（8）配置无线 SSID、安全、VAP 模板等，具体配置信息如表 5.2.2 所示。

表 5.2.2　无线业务配置信息

AP 组	名称：ap-group1
	引用模板：VAP 模板 wlan-net 域管理模板 default
域管理模板	名称：default
	国家码：中国
SSID 模板	名称：wlan-net
	SSID 名称：wlan-net
安全模板	名称：wlan-net
	安全策略：WPA-WPA2+PSK+AES
	密码：12345678

续表

VAP 模板	名称：wlan-net
	转发模式：直接转发
	业务 VLAN：VLAN 100
	引用模板：SSID 模板 wlan-net
	安全模板 wlan-net

无线三层组
网的应用

（9）发布 2.4G 和 5G 无线信号，无线设备能够正常连接。

训练步骤

01 无线网络的接入。

（1）路由器 R1 做如下配置。

```
<Huawei>system-view
[Huawei]sysname R1
[R1]interface GigabitEthernet0/0/0
[R1-GigabitEthernet0/0/0]ip address 10.1.1.5 255.255.255.252
[R1]interface GigabitEthernet0/0/1
[R1-GigabitEthernet0/0/1]ip address 10.1.1.1 255.255.255.252
```

在路由器 R1 中开启 OSPF 动态路由协议，区域为 0，发布路由信息。

```
[R1]ospf 1                        //配置 OSPF 动态路由协议
[R1-ospf-1]area 0.0.0.0           //配置区域为 0
[R1-ospf-1-area-0.0.0.0]network 10.1.1.0 0.0.0.3
[R1-ospf-1-area-0.0.0.0]network 10.1.1.4 0.0.0.3
```

（2）交换机 S3 做如下配置。

```
<Huawei>system-view
[Huawei]sysname S3
[S3]Vlan batch 101 100            //批量创建管理 VLAN 和业务 VLAN
[S3]interface GigabitEthernet0/0/1
[S3-GigabitEthernet0/0/1]port link-type trunk
[S3-GigabitEthernet0/0/1]port trunk allow-pass vlan all
[S3]interface GigabitEthernet0/0/2
[S3-GigabitEthernet0/0/2]port link-type trunk
[S3-GigabitEthernet0/0/2]port trunk pvid vlan 101
//连接 AP 的端口需要指定端口的缺省 VLAN 为管理 VLAN
[S3-GigabitEthernet0/0/2] port trunk allow-pass vlan all
```

（3）交换机 S2 做如下配置。

```
<Huawei>system-view
[Huawei]sysname S2
[S2]vlan batch 100 101 110        //创建规划好的管理 VLAN 和业务 VLAN
[S2]interface Vlanif 100
[S2-Vlanif100]ip address192.168.100.254 255.255.255.0
```

```
[S2]interface Vlanif 101
[S2-Vlanif101]ip address192.168.101.254 255.255.255.0
[S2]interface Vlanif 110
[S2-Vlanif110]ip address 10.1.1.6 255.255.255.252
[S2]interface GigabitEthernet0/0/1
[S2-GigabitEthernet0/0/1]port link-type access
[S2-GigabitEthernet0/0/1]port default vlan 110
[S2]interface GigabitEthernet0/0/3
[S2-GigabitEthernet0/0/3]port link-type trunk
[S2-GigabitEthernet0/0/3]port trunk allow-pass vlan all
```

在交换机 S2 中开启 DHCP 服务, 配置无线用户 DHCP 地址池, 设置网关、DNS、网段信息。

```
[S2]dhcp enable                          //开启 DHCP 服务
[S2]ip pool wifi_client                  //配置 DHCP 地址池
[S2-ip-pool-wifi_client]network 192.168.100.0 mask 255.255.255.0
[S2-ip-pool-wifi_client]gateway-list 192.168.100.254
[S2-ip-pool-wifi_client]dns-list 8.8.8.8  //配置用户上网时所需的 DNS
服务器地址
[S2]interface Vlanif 100
[S2-Vlanif100]dhcp select global
//采用全局地址池的 DHCP 服务器分配功能
```

在交换机 S2 中开启 OSPF 动态路由协议, 区域为 0, 发布路由信息。

```
[S2]ospf 1                               //配置 OSPF 动态路由协议
[S2-ospf-1] area 0.0.0.0
[S2-ospf-1-area-0.0.0.0]network 10.1.1.4 0.0.0.3
[S2-ospf-1-area-0.0.0.0]network 192.168.100.0 0.0.0.255
[S2-ospf-1-area-0.0.0.0]network 192.168.101.0 0.0.0.255
```

（4）交换机 S1 做如下配置。

```
<Huawei>system-view
[Huawei]sysname S1
[S1]vlan batch 102 110                   //批量创建管理 VLAN 和端口 VLAN
[S1]interface Vlanif 102
[S1-Vlanif102]ip address 192.168.102.2 255.255.255.0
[S1-]interface Vlanif 110
[S1-Vlanif110]ip address 10.1.1.2 255.255.255.252
[S1]interface GigabitEthernet0/0/1
[S1-GigabitEthernet0/0/1]port link-type access
[S1-GigabitEthernet0/0/1]port default vlan 110
[S1]interface GigabitEthernet0/0/2
[S1-GigabitEthernet0/0/2]port link-type access
[S1-GigabitEthernet0/0/2]port default vlan 102
```

在交换机 S1 中开启 OSPF 动态路由协议, 区域为 0, 发布路由信息。

```
[S1]ospf 1                               //配置 OSPF 动态路由协议
[S1-ospf-1]area 0.0.0.0
```

```
[S1-ospf-1-area-0.0.0.0]network 192.168.102.0 0.0.0.255
[S1-ospf-1-area-0.0.0.0]network 10.1.1.0 0.0.0.3
```

（5）无线控制器 AC1 做如下配置。

```
<AC6005>system-view
[Huawei]sysname AC1
[AC1]vlan 102
[AC1]interface Vlanif 102
[AC1-Vlanif102]ip address 192.168.102.1 255.255.255.0
[AC1]interface GigabitEthernet0/0/1
[AC1-GigabitEthernet0/0/1]port link-type access
[AC1-GigabitEthernet0/0/1]port default vlan 102
```

在 AC1 中开启 OSPF 动态路由协议，区域为 0，发布路由信息。

```
[AC1]ospf 1                               //配置 OSPF 动态路由协议
[AC1-ospf-1] area 0.0.0.0
[AC1-ospf-1-area-0.0.0.0] network 192.168.102.0 0.0.0.255
```

在无线接入控制器中开启 DHCP 服务，配置 AC 管理 AP DHCP 地址池，设置 option 43、网关、网段信息，此 DHCP 用于 AP 自动获取管理地址，所以不需要设置 DNS 地址。

```
[AC1]dhcp enable                          //开启 DHCP 服务
[AC1]ip pool wifi_ap                       //配置 DHCP 地址池
[AC1-ip-pool-wifi_ap]gateway-list 192.168.101.254
[AC1-ip-pool-wifi_ap]network 192.168.101.0 mask 255.255.255.0
[AC1-ip-pool-wifi_ap]option 43 sub-option 3 ascii 192.168.102.1
//指定 AC 与 AP 建立管理隧道的源端口地址
```

在交换机 S2 上，为 AP 配置 DHCP 中继服务。

```
[S2]interface Vlanif 101
[S2-Vlanif101]dhcp select relay
[S2-Vlanif101]dhcp relay server-ip 192.168.102.1
//配置 DHCP 中继所代理的 DHCP 服务器地址为互连的 AC 端口的 IP
```

02 AP 上线配置。

（1）AP1 做如下配置，查看 AP1 是否获取到 IP 地址，查询 MAC 地址。

```
<Huawei>display arp
IP ADDRESS    MAC ADDRESS    EXPIRE(M) TYPE INTERFACE    VPN-INSTANCE
                                       VLAN
-------------------------------------------------------------------
192.168.101.186 00e0-fcde-4980            I -  Vlanif1
192.168.101.254 4c1f-ccbb-71b7 14         D-0  GE0/0/0
                                  1
-------------------------------------------------------------------
Total:2       Dynamic:1      Static:0     Interface:1
//查询结果中，00e0-fcde-4980 为 AP1 的 MAC 地址，并且 AP 获取到 AC 分配的 IP 地址
```

（2）无线控制器 AC1 做如下配置。

创建 AP 组，用于将相同配置的 AP 都加入同一 AP 组中。

```
[AC1]wlan
[AC1-wlan-view]ap-group name ap-group1
```

配置域管理模板，在域管理模板下配置 AC 的国家码并在 AP 组下引用域管理模板。

```
[AC1]wlan
[AC1-wlan-view]regulatory-domain-profile name default
//配置域管理模板
[AC1-wlan-regulate-domain-default]country-code CN
//配置国家码为 CN
[AC1-wlan-regulate-domain-default]quit          //返回至 wlan 视图下
[AC1-wlan-view]ap-group name ap-group1
[AC1-wlan-ap-group-ap-group1]regulatory-domain-profile default
Warning: Modifying the country code will clear channel, power and
antenna gain configurations of the radio and reset the AP. Continue?[Y/N]:y
//在 AP 组中绑定域管理模板，且需要输入"y"表示同意
```

配置 AC 源端口，如没有配置 AC 源端口，则 AC 与 AP 无法建立 CAPWAP 隧道，AP 无法在 AC 上线。

```
[AC1]capwap source interface Vlanif 102
//配置 AC 源端口为 VLANIF 102
```

在 AC 上导入 AP1，采用 MAC 地址认证，设置 AP1 名称分别为 AP1，并将 AP1 加入 AP 组中。

```
[AC1]wlan
[AC1-wlan-view]ap auth-mode mac-auth  //配置认证模式为 MAC 地址认证
[AC1-wlan-view]ap-id 0 ap-mac 00e0-fcde-4980
//绑定 AP1 的 MAC 地址，ap-id 0，0 为该 AP 设置的顺序编号，不可重复
[AC1-wlan-ap-0]ap-name AP1                //设置 AP1 的名称
[AC1-wlan-ap-0]ap-group ap-group1         //将 AP1 加入 AP 组中
Warning: This operation may cause AP reset. If the country code
changes, it will clear channel, power and antenna gain configurations of
the radio, Whether to continue? [Y/N]:y        //输入"y"，表示确认此操作
```

03 AP 上线验证。

当执行命令 display ap all 查看到 AP 的 "State" 字段为 "nor" 时，表示 AP 正常上线，如图 5.2.2 所示。

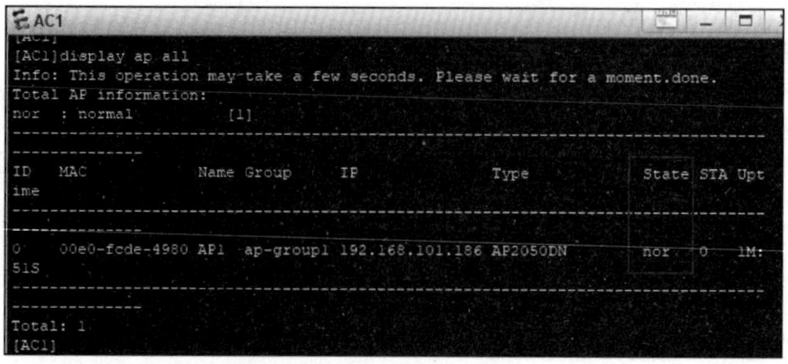

图 5.2.2　AP 上线验证

04 WLAN 业务参数配置及应用。

无线控制器 AC1 做如下配置：

配置 WLAN 业务参数，创建名为"wlan-net"的安全模板，并配置无线加密策略及无线密码。

```
[AC1]wlan
[AC1-wlan-view]security-profile name wlan-net        //创建安全模板
[AC1-wlan-sec-prof-wlan-net]security  wpa-wpa2  psk  pass-phrase
12345678 aes                      //配置 WPA-WPA2+PSK+AES 安全策略及无线认证密码
    Warning: The current password is too simple. For the sake of security,
you are advised to set a password containing at least two of the following:
lowercase letters a to z, uppercase letters A to Z, digits, and special
characters. Continue?[Y/N]:y  //输入"y"表示同意
```

创建名为"wlan-net"的 SSID 模板，并配置 SSID 名称为"wlan-net"。

```
[AC1]wlan
[AC1-wlan-view]ssid-profile name wlan-net        //创建 SSID 模板
[AC1-wlan-ssid-prof-wlan-net]ssid wlan-net        //配置 SSID 名称
```

在 VAP 模板下配置各项参数，并在 AP 组中引用此 VAP 模板，VAP 将用于为 STA 提供无线接入服务。通过配置 VAP 模板下的参数，使 AP 具备为 STA 提供多样化无线业务服务的能力。

创建名为"wlan-net"的 VAP 模板，配置业务数据转发模式、业务 VLAN，并且引用安全模板和 SSID 模板。

```
[AC1]wlan
[AC1-wlan-view]vap-profile name wlan-net        //创建 VAP 模板
[AC1-wlan-vap-prof-wlan-net]forward-mode direct-forward
//配置直接转发方式
[AC1-wlan-vap-prof-wlan-net]service-vlan vlan-id 100
//配置业务 VLAN 为 VLAN 100
[AC1-wlan-vap-prof-wlan-net]security-profile wlan-net
//绑定安全模板
[AC1-wlan-vap-prof-wlan-net]ssid-profile wlan-net
//绑定 SSID 模板
```

将 WLAN 业务应用至 AP 上采用射频模板，射频模板主要用于优化射频的参数，以及配置信道切换业务不中断功能。配置 AP 组引用 VAP 模板，AP 上射频 0 和射频 1 都使用 VAP 模板"wlan-net"的配置，射频 0 为 2.4GHz 射频，射频 1 为 5GHz 射频。

```
[AC1]wlan
[AC1-wlan-view]ap-group name ap-group1
[AC1-wlan-ap-group-ap-group1]vap-profile wlan-net wlan 1 radio 0
//配置 AP 上射频 0 使用 VAP 模板的配置
[AC1-wlan-ap-group-ap-group1]vap-profile wlan-net wlan 1 radio 1
//配置 AP 上射频 1 使用 VAP 模板的配置
```

配置完成后，网络拓扑结构图上会出现无线信号圈，客户端只要在无线信号圈内，方可连接 Wi-Fi,如图 5.2.3 所示。

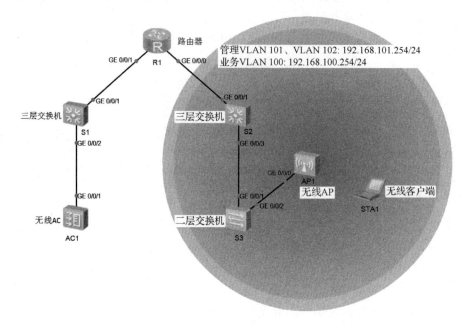

图 5.2.3 无线信号

05 训练测试。

(1)无线信号测试——STA1 设备连接 2.4G 无线信号,如图 5.2.4 所示。

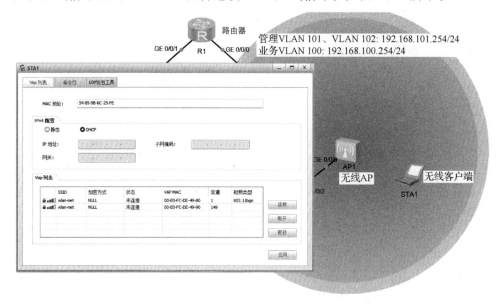

图 5.2.4 查看 AP 释放的无线信号

在图 5.2.4 中,选择信道"1"的信号,为 2.4G 信号,单击"连接"按钮。在弹出的对话框中输入密码"12345678",如图 5.2.5 所示。最后单击"确定"按钮。

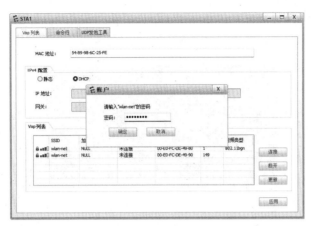

图 5.2.5　连接 2.4G 信号

连接完成后，Vap 列表中 SSID 显示的状态将变为"已连接"，在命令行模式执行 ipconfig 下查询 STA 的 IP 地址，如图 5.2.6 所示。

图 5.2.6　STA1 自动获取 IP 地址

（2）无线信号测试——STA1 设备连接 5G 无线信号。

打开 STA1 的配置窗口，在 Vap 列表查看 AP 发射的无线信号。选择信道为"149"的信号，单击"连接"按钮，此信号为 5G 信号。在弹出的对话框中输入密码"12345678"，连接完成后，Vap 列表中 SSID 显示的状态将变为"已连接"，如图 5.2.7 所示。

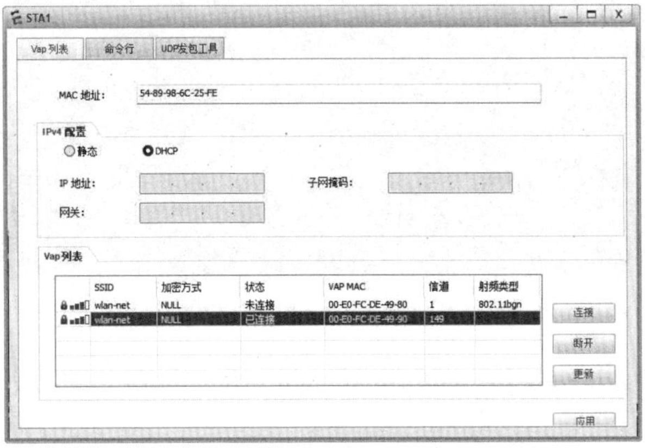

图 5.2.7　STA1 连接 5G 无线信号

在命令行模式执行 ipconfig 查询 STA 的 IP 地址，如图 5.2.8 所示。

图 5.2.8　STA1 自动获取 IP 地址

（3）测试 STA1 与路由器之间的连通性，如图 5.2.9 所示。

图 5.2.9　测试连通性

（4）在 AC1 上验证结果。

WLAN 业务配置会自动下发给 AP，配置完成后，通过执行命令 display vap ssid [SSID name]查看如图 5.2.10 所示的信息，当"Status"项显示为"ON"时，表示 AP 对应的射频上的 VAP 已创建成功。

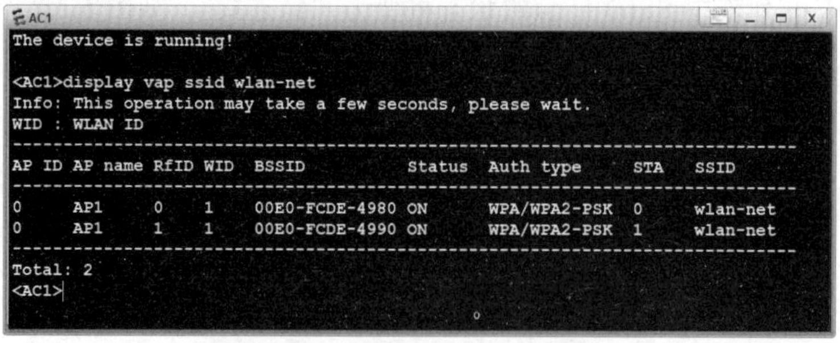

图 5.2.10　查看射频状态

在 AC 上执行 display station ssid [SSID name]命令查询 SSID 连接状态，如图 5.2.11 所示。

图 5.2.11　SSID 连接状态

▌训 练 小 结

（1）FIT AP 与 AC 跨越三层网络连接时，FIT AP 可通过 DHCP 的 option 43 属性，此属性中携带 AC 的 IP 地址信息、网关的 IP 地址、DNS 的 IP 地址，从而完成在 AC 上的注册。

（2）建议在与 AP 直连的设备端口上配置端口隔离。如果不配置端口隔离，尤其是业务数据转发方式采用直接转发方式时，可能会在 VLAN 内形成大量广播报文，导致网络阻塞，从而影响用户体验。

（3）AP 上线的方式有离线增加 AP、自动发现 AP 并正常上线、自动发现 AP 需要确认上线三种。离线增加 AP 是事先在 AC 上配置 AP 的 MAC 地址，当 AP 与 AC 通过网络连接时，AC 会根据 AP 的属性判断其是否能成功上线，如果上线成功，AP 即可按照预先的配置进行工作；自动发现 AP 并正常上线是用户配置好 AP 白名单和认证规则，当 AP 与 AC 连接时，合法的 AP 自动发现并正常工作，只要 AP 按照 AC 上的认证规则在白名单中存在，即可上线；自动发现 AP 需要确认上线，这是未在离线状态增加 AP 属性，当 AP 与 AC 连接时，AP 处于自动发现状态，但是由于 AP 的信息并不在白名单中，因此 AC 不让其上线，这时就需要用户进行确认。

（4）AP 与 AC 跨越三层网络连接时，FIT AP 可通过 DHCP 的 option 43 属性直接获取 AC 的 IP 地址，从而完成在 AC 上的注册，具体流程如图 5.2.12 所示。

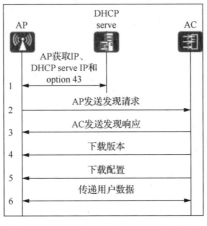

图 5.2.12　三层组网 DHCP 流程图

（5）AP 上具有射频 0 和射频 1，射频 0 为 2.4GHz 射频，射频 1 为 5GHz 射频。

兴 趣 拓 展

如何访问 AC 的 WEB 界面　　配置无线访问的黑、白名单

项目六　综合实训

项目说明

随着计算机网络技术的迅猛发展，网络设备的调试技能在网络工程建设和维护中变得越来越重要。本项目是以实际工程项目为背景，旨在培养学生综合运用网络设备调试的理论知识和实践技能，提高学生在复杂网络环境下的设备配置、故障排查和性能优化的能力。本项目根据实际工作的要求，专门设计了八个任务来学习网络的综合应用。

知识目标

1. 理解访问控制列表的概念、分类及技术原理。
2. 理解标准、扩展访问控制列表的区别及应用原则。
3. 了解网络地址转换的原理和作用。
4. 理解网络地址转换的分类。
5. 理解动态路由 RIP 和动态 OSPF 的原理及作用。
6. 理解 DHCP 动态地址分配原理及作用。
7. 理解负载均衡原理及作用。

技能目标

1. 能熟练交换机和路由器的基本配置。
2. 能熟练配置交换机生成树技术。
3. 能熟练配置路由器单臂路由技术。
4. 能熟练配置静态和动态路由技术。
5. 能熟练配置基本和高级访问控制列表技术。
6. 能熟练配置 DHCP 技术。
7. 能熟练配置 VRRP 技术。
8. 能熟练配置 VPN 技术。

9. 能熟练配置 NAT 技术。

10. 能熟练配置 QOS 技术。

素质目标

1. 培养学生自觉实践本专业的职业精神和职业规范；强调在网络设备调试过程中要遵循标准化的操作流程和规范，确保安全和稳定性，培养良好的职业素养。

2. 通过综合实训任务，培养学生的观察能力和探究精神；引导学生通过观察、思考和实践，探索网络设备调试中的问题和解决方案，培养扎实的理论基础和创新能力，为网络设备调试领域的发展和国家建设贡献力量。

思政案例六

任务一 网络设备维护

训练描述

作为一名网络工程师，穿梭在每台设备之间是很费时的，首先要做的就是开启设备与设备之间的远程访问功能，同时将网络设备的配置文件进行保存和备份，这对每位网络维护人员来说都是至关重要的。本任务的网络拓扑结构图如图 6.1.1 所示。

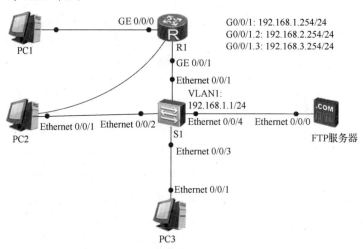

图 6.1.1 网络设备维护的网络拓扑结构图

■ 训练要求

本任务要求学会通过 Console 口, 远程 Telnet 和安全地远程 SSH 登录网络设备, 学会备份和还原网络设备的操作系统, 备份和还原网络设备的配置文件。

(1) 根据网络拓扑结构图添加相应的设备。

(2) 配置网络设备实现全网互通。

(3) 配置路由器的 Console、Telnet、SSH 等登录方式的安全配置。

(4) 备份网络设备的操作系统和配置文件。

网络设备
维护

设备内存中的配置信息都称为设备的当前配置, 它是设备当前正在运行的配置, 设备下电或重启时, 内存中原有的所有信息都会丢失。包含设备配置信息的文件, 存在于设备的外部存储器中, 文件名的格式一般为.zip, 当设备重启时, 配置文件会被重新加载到设备内存之中, 称为新的当前配置。缺省情况下, 保存当前配置时, 设备会将当前配置信息保存到文件名为 "vrpcfg.zip" 的文件中, 并存放在设备的外部存储器的根目录下。因此, 在设备配置完毕时, 务必输入 save 手动保存配置, 否则当设备重启后, 原先在网络设备上做好的配置将全部丢失。

▢ 训练步骤

01 路由器的基础配置。

```
[Huawei]sysname R1
[R1]user-interface console 0
[R1-ui-console0]idle-timeout 0 0    //关闭用户界面的超时断连功能
[R1-ui-console0]quit
[R1]interface g0/0/1
[R1-GigabitEthernet0/0/1]ip add 192.168.1.254 24
[R1-GigabitEthernet0/0/1]inter g0/0/1.2
[R1-GigabitEthernet0/0/1.2]ip add 192.168.2.254 24
[R1-GigabitEthernet0/0/1.2]dot1q termination vid 2
[R2-GigabitEthernet0/0/1.2]arp broadcast enable
                            //使能子端口的 ARP 广播功能
[R1-GigabitEthernet0/0/1.2]inter g0/0/1.3
[R1-GigabitEthernet0/0/1.3]ip add 192.168.3.254 24
[R1-GigabitEthernet0/0/1.3]dot1q termination vid 3
[R1-GigabitEthernet0/0/1.3]arp broadcast enable
                            //使能子端口的 ARP 广播功能
```

02 配置交换机。

```
[Huawei]sysname S1
[S1] user-interface console 0
[S1-ui-console0]idle-timeout 0 0
[S1-ui-console0]quit
[S1]vlan 2
```

```
[S1-vlan2]vlan 3
[S1-vlan3]quit
[S1]interface E0/0/2
[S1-Ethernet0/0/2]port link-type  access
[S1-Ethernet0/0/2]port default  vlan 2
[S1-Ethernet0/0/2]stp root-protection        //开启当前端口的根保护
[S1-Ethernet0/0/2]quit
[S1]interface e0/0/3
[S1-Ethernet0/0/3]port link-type  access
[S1-Ethernet0/0/3]port default  vlan 3
[S1-Ethernet0/0/3]stp root-protection
[S1-Ethernet0/0/2]quit
[S1]interface e0/0/4
[S1-Ethernet0/0/4]port link-type  access
[S1-Ethernet0/0/4]stp root-protection
[S1-Ethernet0/0/4]quit
[S1]interface e0/0/1
[S1-Ethernet0/0/1]port link-type trunk
[S1-Ethernet0/0/1]port trunk allow-pass vlan all
[S1]quit
[S1]interface vlan 1
[S1-Vlanif1]ip add 192.168.1.1 24
[S1-Vlanif1]quit
[S1]ip route-static 0.0.0.0 0 192.168.1.254
[S1]ssh client  first-time enable            //ssh客户端首次启用
```

03 配置路由器登录的密码身份认证。

登录华为网络设备，常用方法是通过 Console 口直接连接，远程 Telnet、安全地远程 SSH，以及 Web 访问。由于 PC 模拟器不支持 Web 访问，故本任务只演示 Console 口直接连接、SSH 方式以及远程 Telnet。

（1）基于密码访问的 Console 登录和 Telnet 登录。

配置 Console 管理的密码：

```
[R1]user-interface console  0
[R1-ui-console0]authentication-mode  password
Please configure the login password (maximum length 16):Huawei123
//当配置完以上命令，用户从 Console 口登录进入用户模式时就会提示输入密码
```

配置 Telnet 管理的密码：

```
[R1]user-interface  vty 0 4      //这表示从 0~4，有 5 个用户可以同时登录
[R1-ui-vty0-4]authentication-mode password
Please configure the login password (maximum length 16):Huawei123
                        //配置认证模式为密码认证，并输入密码
```

在 S1 上测试基于密码的 Telnet 登录如图 6.1.2 所示。

（2）基于用户名和密码认证的 Console 登录和 Telnet 登录。

配置 Console 管理的用户名和密码：

```
[R1]aaa
[R1-aaa]local-user HUAWEI password cipher Huawei123
[R1-aaa]local-user HUAWEI privilege level 15
[R1-aaa]quit
[R1]user-interface console 0
[R1-ui-console0]authentication-mode aaa
[R1-ui-console0]quit
```

配置 Telnet 管理的用户名和密码：

```
[R1]aaa
[R1-aaa]local-user HUAWEI password cipher Huawei123
[R1-aaa]local-user HUAWEI privilege level 15
[R1-aaa]quit
[R1]user-interface vty 0 4
[R1-ui-vty0-4]authentication-mode aaa
[R1-ui-vty0-4]quit
```

在 S1 上测试基于用户和密码的 Telnet 登录如图 6.1.3 所示。

图 6.1.2　在 S1 上测试的基于密码的　　　图 6.1.3　在 S1 上测试基于用户和密码的
　　　　　　Telnet 登录　　　　　　　　　　　　Telnet 登录

注意：基于用户、密码登录和基于密码登录不能同时进行。

（3）配置 SSH 登录的用户名和密码：

```
[R1]Stelnet server enable                    //开启 SSH 协议
[R1]rsa local-key-pair create                //创建加密的密钥对
Confirm to replace them? (y/n)[n]:y
Input the bits in the modulus[default = 512]:1024
[R1]aaa
[R1-aaa]local-user SSH password cipher 123456//创建 SSH 用户和密码
[R1-aaa]local-user SSH privilege level 15    //定义该用户的权限大小
[R1-aaa]local-user SSH service-type ssh      //开启 SSH 登录服务
[R1-aaa]quit
[R1]user-interface vty 0 4
```

```
[R1-ui-vty0-4]authentication-mode aaa
[R1-ui-vty0-4]protocol inbound ssh            //开启 VTY 线路的 SSH
访问功能
[R1-ui-vty0-4]quit
[R1]ssh user SSH authentication-type all      //定义 SSH 用户的认证
模式
[R1]ssh client  first-time enable             //SSH 客户端首次启用
```

在 S1 上测试基于用户和密码的 SSH 登录如图 6.1.4 所示。

注意：至此，三种管理网络设备的方式和命令已经介绍完毕。由于华为 eNSP 中的终端并没有 Telnet 和 SSH 实用程序，因此，该任务通过启动交换机的 Telnet 实用程序实现对路由器的远程配置过程。为了实现实体终端 PC 可以对每个网络设备进行 Telnet 报文传输，需要对每个设备的端口进行统一配置。因此，控制端口配置方式在网络设备的配置过程中是不可或缺的。

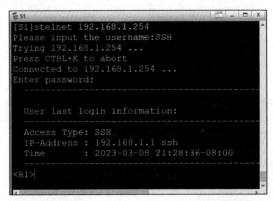

图 6.1.4　在 S1 上测试基于用户和密码的 SSH 登录

04 备份网络设备的系统文件。

```
<R1>dir flash:                                //查看系统文件
Directory of flash:/

  Idx  Attr   Size(Byte)  Date          Time(LMT)   FileName
    0  drw-        -       May 10 2022   03:32:17    dhcp
    1  -rw-     121,802    May 26 2014   09:20:58    portalpage.zip
    2  -rw-       2,263    May 10 2022   03:32:14    statemach.efs
    3  -rw-     828,482    May 26 2014   09:20:58    sslvpn.zip


<R1>system-view
[R1]ftp server enable                         //开启 FTP 服务
[R1]aaa
[R1-aaa]local-user ftp password cipher 123    //配置 FTP 用户
[R1-aaa]local-user ftp service-type ftp       //开启 FTP 服务
[R1-aaa]local-user ftp privilege level 15
[R1-aaa]quit
<R1>ftp 192.168.1.2                           //访问 FTP 服务器
```

```
Trying 192.168.1.2 ...
User(192.168.1.2:(none)):ftp                    //输入 FTP 账号
Enter password: 123                             //输入 FTP 密码
230 User ftp logged in , proceed

[R1-ftp]
[R1-ftp]put portalpage.zip                      //将路由器的系统文件
备份至 FTP 服务器
150 Opening BINARY data connection for portalpage.zip
100%
226 Transfer finished successfully. Data connection closed.
FTP: 121802 byte(s) sent in 0.640 second(s) 190.31Kbyte(s)/sec.
```

在 FTP 服务器中，可以看到所备份好的系统文件。配置文件的备份与系统文件的思路是一样的。

注意：需要在 FTP 服务器上配置一个同网段的 IP 地址，并且在实体机选择一个空目录作为 FTP 服务器的根目录，并启动监听端口号，如图 6.1.5 所示。当路由器传输文件后，将会自动下载到你所选择的根目录中。

图 6.1.5　在 FTP 服务器上选择根目录

05 设置备份网络设备的配置文件。

```
<R1>save      //保存当前配置文件
<R1>dir
Directory of flash:/

  Idx  Attr   Size(Byte)  Date            Time(LMT)   FileName
    1  -rw-   121,802     May 26 2014     09:20:58    portalpage.zip
    2  -rw-   2,263       May 10 2022     03:32:14    statemach.efs
    3  -rw-   828,482     May 26 2014     09:20:58    sslvpn.zip
    4  -rw-   729         May 11 2022     06:38:54    vrpcfg.zip
  //此时，系统文件目录中已含有一份 vrpcfg.zip 配置文件

<R1>ftp 192.168.1.2    //访问 FTP 服务器
Trying 192.168.1.2 ...
User(192.168.1.2:(none)):ftp
Enter password:123
230 User ftp logged in , proceed

[R1-ftp]put vrpcfg.zip    //将配置文件传输至 FTP 服务器
150 Opening BINARY data connection for vrpcfg.zip
```

```
   100%
226 Transfer finished successfully. Data connection closed.
FTP: 729 byte(s) sent in 0.130 second(s) 5.60Kbyte(s)/sec.
```

06 还原设备的配置文件。

```
<R1>ftp 192.168.1.2
Trying 192.168.1.2 ...

User(192.168.1.2:(none)):ftp
Enter password:123
230 User ftp logged in , proceed

[R1-ftp]get vrpcfg.zip      //下载 FTP 服务器上已备份的配置文件
150 Sending vrpcfg.zip (729 bytes). Mode STREAM Type BINARY
226 Transfer finished successfully. Data connection closed.
FTP: 729 byte(s) received in 0.270 second(s) 2.70Kbyte(s)/sec.
```

07 训练测试。

使用 PC 的串口测试路由器的 Console 登录方式。图 6.1.6 所示为在 PC2 上用串口测试路由器的 Console 登录方式。

图 6.1.6 在 PC2 上用串口登录路由器

训练小结

（1）网络设备的安全认证可分为基于密码和基于账户与密码两种安全认证方式。

（2）配置被清空并使用 FTP 服务器还原配置文件后，再使用 display saved-configuration 命令，即可查看已备份的配置文件。

任务二 | 实现交换三级网络架构

训练描述

假设你是某系统集成公司的网络工程师，公司承接了一个企业网的搭建项目，经过现场勘测及充分与客户沟通，你建议该网络采用经典的三级网络架构，此项目方案已经得到客户的认可，并且请你负责整个网络的实施。本任务的网络拓扑结构图如图 6.2.1 所示。

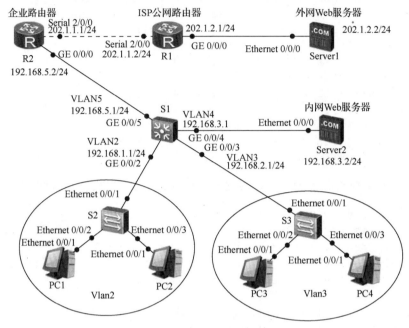

图 6.2.1 交换三级网络架构网络拓扑结构图

训练要求

实现交换三
级网络架构

（1）构建交换网络的三级结构，使用 eNSP 的三层交换机的路由功能上网，通过合理的三层网络架构，实现用户安全、快捷地接入网络。

（2）在两台路由器上分别添加 2SA 串行模块端口，以便于数据传输。

PC1、PC2 处在 Vlan2 中，PC3、PC4 处于 Vlan3 中，Sever2 处于 Vlan4 中。现在要使 4 台计算机能够正常访问内网的 Server2 服务器，同时还要能够访问外网的 Server1 服务器。

训练步骤

01 三层交换机的基本配置。

```
<Huawei>system-view
[Huawei]sysname S1
[S1]vlan batch 2 3 4 5
[S1]int g0/0/2
[S1-GigabitEthernet0/0/2]port link-type  access
[S1-GigabitEthernet0/0/2]port default  vlan 2
[S1-GigabitEthernet0/0/2]int g0/0/3
[S1-GigabitEthernet0/0/3]port link-type  access
[S1-GigabitEthernet0/0/3]port default  vlan 3
[S1-GigabitEthernet0/0/3]int g0/0/4
```

```
[S1-GigabitEthernet0/0/4]port link-type  access
[S1-GigabitEthernet0/0/4]port default  vlan 4
[S1-GigabitEthernet0/0/4]int g0/0/5
[S1-GigabitEthernet0/0/5]port link-type access
[S1-GigabitEthernet0/0/5] port default  vlan 5
[S1-GigabitEthernet0/0/5]int vlan 2
[S1-Vlanif2]ip add 192.168.1.1 24
[S1-Vlanif2]int vlan 3
[S1-Vlanif3]ip add 192.168.2.1 24
[S1-Vlanif3]int vlan 4
[S1-Vlanif4]ip add 192.168.3.1 24
[S1-Vlanif4]int vlan 5
[S1-Vlanif5]ip add 192.168.5.1 24
```

02 三层交换机配置 DHCP，实现不同的 Vlan 内的主机自动分配 IP 地址。

```
[S1]dhcp enable                               //开启 DHCP 功能
[S1]ip pool Vlan-2                            //创建 DHCP 服务器
[S1-ip-pool-vlan-2]network  192.168.1.0 mask 255.255.255.0
[S1-ip-pool-vlan-2]gateway-list  192.168.1.1  //配置指定网关
[S1-ip-pool-vlan-2]quit
[S1]ip pool Vlan-3
[S1-ip-pool-vlan-3]network 192.168.2.0 mask 255.255.255.0
[S1-ip-pool-vlan-3]gateway-list 192.168.2.1
[S1-ip-pool-vlan-3]quit
[S1]int vlan 2
[S1-Vlanif2] dhcp select global
[S1]int vlan 3
[S1-Vlanif2] dhcp select global
//选择全局的地址池给 DHCP 客户端使用
```

这样，内网的 PC1、PC2、PC3、PC4 都可以通过 DHCP 服务器获得相应网段的 IP 地址，不过前提在于需要将 IP 地址获取方式改为 DHCP 获取。

注意：内网 Server2 服务器 IP 地址的设置。PC 一般采用 DHCP 自动分配的方式，虽然 DHCP 自动分配的方式在获取速度上快速且简洁，但如果使用 DHCP 来自动分配，我们无法得知服务器确切的 IP 地址，所以服务器的 IP 地址一般都要手工配置，这样才能正确地使内网 Server2 服务器访问到外网，从而实现数据的共享。

03 企业路由器的基本配置。

```
[Huawei]sysname R2
[R2]int g0/0/0
[R2-GigabitEthernet0/0/0]ip add 192.168.5.2 24
[R2-GigabitEthernet0/0/0]quit
[R2-GigabitEthernet0/0/0]int s2/0/0
[R2-Serial2/0/0]ip add 202.1.1.1 24
[R2-Serial2/0/0]quit
```

04 内网路由协议的配置。

加了一台路由器以后,在三层交换机和企业路由器之间使用 RIP 路由协议实现互通,这时就需要在两个设备上都进行相应的路由信息协议（RIP）的配置。

三层交换机和企业路由器的路由协议配置：

```
[S1]rip 1
[S1-rip-1]version 2                        //配置版本号为 2
[S1-rip-1]summary always                   //配置路由无条件聚合
[S1-rip-1]network 192.168.1.0              //发布三层交换机的直连网段
[S1-rip-1]network 192.168.2.0
[S1-rip-1]network 192.168.3.0
[S1-rip-1]network 192.168.5.0
[S1-rip-1]quit
[R2]rip 1
[R2-rip-1]version 2                        //配置版本号为 2
[R2-rip-1]summary always                   //配置路由无条件聚合
[R2-rip-1]network 192.168.5.0              //发布企业路由器的直连网段
[R2-rip-1]default-route originate          //发布一条默认路由
[R2-rip-1]quit
[R2]display ip routing-table    （注：已省略部分直连路由）
Route Flags: R - relay, D - download to fib
------------------------------------------------------------------
Routing Tables: Public
         Destinations : 13        Routes : 13

Destination/Mask  Proto    Pre Cost Flags NextHop    Interface

192.168.1.0/24  RIP      100  1     D     192.168.5.1 GigabitEthernet0/0/0
192.168.2.0/24  RIP      100  1     D     192.168.5.1 GigabitEthernet0/0/0
192.168.3.0/24  RIP      100  1     D     192.168.5.1 GigabitEthernet0/0/0
192.168.5.0/24  Direct    0   0     D     192.168.5.2 GigabitEthernet0/0/0
```

从上述路由表中可以看到，前 3 条 RIP 路由信息是企业路由器自动从三层交换机上学习得到的，最后一条是企业路由器的直连路由。至此，已经实现了内网计算机访问路由器。

05 在企业路由器上配置 NAT 访问网络业务提供商(internet service provider, ISP)公网路由器以及公网的 Web 服务器。

在路由器上配置 NAT，允许 192.168.1.0/24、192.168.2.0/24、192.168.3.0/24 这 3 个网段可以通过 NAT 出去。

```
[R2]acl number 2000                        //创建一个基本访问控制列表
[R2-acl-adv-2000]rule 5 permit source 192.168.1.0 0.0.0.255
[R2-acl-adv-2000]rule 10 permit source 192.168.2.0 0.0.0.255
[R2-acl-adv-2000]rule 15 permit source 192.168.3.0 0.0.0.255
                                           //允许这三个网段的主机进行访问
[R2-acl-adv-2000]quit
[R2]interface Serial2/0/0
[R2-Serial2/0/0] nat outbound 2000         //在此端口进行 NAT 应用
[R2-Serial2/0/0] quit
[R2]ip route-static 0.0.0.0 0 Serial2/0/0  //默认路由指向 S2/0/0
```

注意：这里不需要自行配置转换后的公网 IP 地址，因为系统会默认把外网口对应的端口的 IP 地址作为转换后的地址。此处，S2/0/0 端口为外网口，所以该端口的地址将会成为转换后的地址。同时，还需要在外网 Web 服务器配上相应 IP 地址。

06 ISP 公网路由器的配置。

```
<Huawei>system-view
[Huawei]sysname R1
[R1]int g0/0/0
[R1-GigabitEthernet0/0/0]ip add 202.1.2.1 24
[R1-GigabitEthernet0/0/0]int s2/0/0
[R1-Serial2/0/0]ip add 202.1.1.2 24
[R1-Serial2/0/0]quit
```

07 训练测试。

（1）所有 PC 是否能够成功地从 DHCP 服务器上获取到相对应的 IP 地址。图 6.2.2 ~ 图 6.2.5 所示为在 PC1 ~ PC4 上查看自动获取的 IP 地址。

图 6.2.2　在 PC1 上查看自动获取的 IP 地址

图 6.2.3　在 PC2 上查看自动获取的 IP 地址

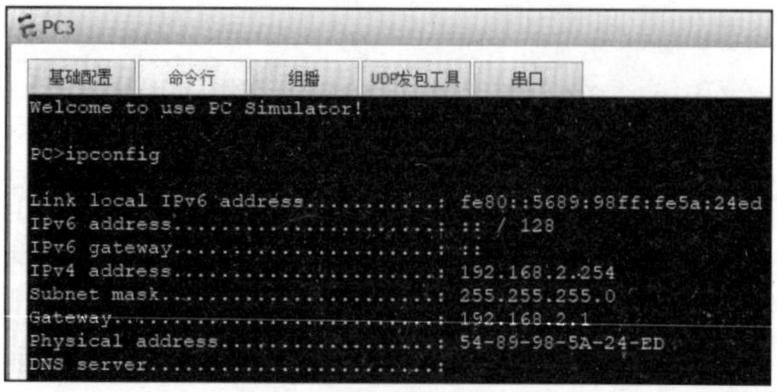

图 6.2.4　在 PC3 上查看自动获取的 IP 地址

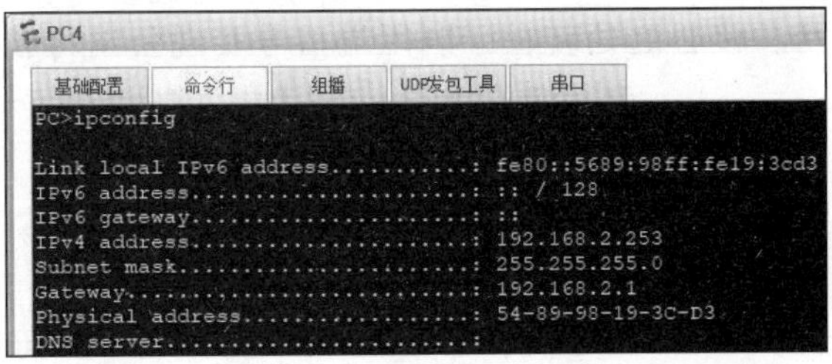

图 6.2.5　在 PC4 上查看自动获取的 IP 地址

（2）使用 PC 去访问外网 Web 服务器的地址，测试是否能 ping 通。图 6.2.6 所示为在 PC1 上测试 ping 外网 Web 服务器。

图 6.2.6　在 PC1 上测试 ping 外网 Web 服务器

注意：根据上述命令所配置，当 PC 访问外网 Web 服务器时，将会转换成 S2/0/0 端口的地址去访问外网 Web 服务器，在企业路由器上使用 dis nat session protocol icmp 命令查看，效果如图 6.2.7 所示。

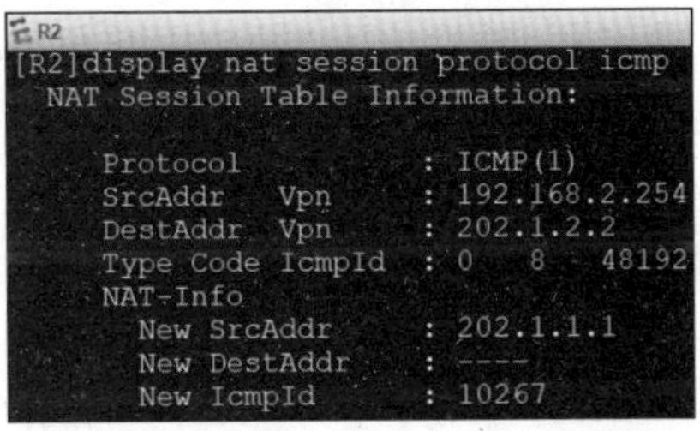

图 6.2.7　在企业路由器上查看 NAT 的转换情况

▋训练小结

（1）在本任务中，二层交换机只起到扩展网络端口的作用，因而无须做任何配置。

（2）三层交换机为本任务的中心设备，起到连接内网和公网的作用。

（3）本任务主要介绍 NAT 地址转换的作用，如训练结果可发现，NAT 协议利用源端口将多个私网 IP 地址映射到一个公网 IP 地址。只需使用一个公网 IP 地址，就可将数千名用户连接到因特网。核心之处就在于利用端口号实现公网与私网的转换，从而极大减少了公网的浪费。

任务三 DHCP 服务于不同的 Vlan

训练描述

某公司通过一个路由器与公网互连，内网通过一台交换机将所有计算机互连，在交换机上划分两个 Vlan，公司内部的计算机通过各自所在的 Vlan 通过内网路由器自动获取 IP 地址，然后访问公网的 Web 服务器，从而实现内网服务器访问外网服务器。本任务的网络拓扑结构图如图 6.3.1 所示。

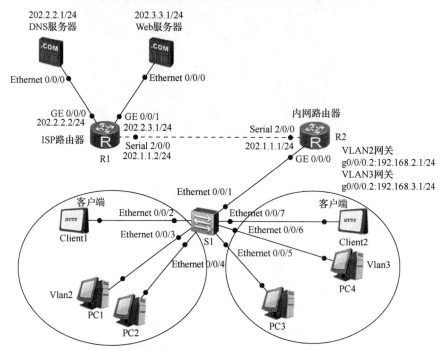

图 6.3.1　DHCP 服务于不同 Vlan 网络拓扑结构图

训练要求

DHCP 服务于
不同的 Vlan

（1）根据网络拓扑结构图添加相应的网络设备。

（2）为路由器添加 2SA 串口模块端口，便于数据传输。

（3）在内网交换机上划分 Vlan2 和 Vlan3，并将 PC1、PC2 接入 Vlan2，将 PC3 和 PC4 接入 Vlan3 中。

（4）由于 eNSP 的 PC 暂不支持 HTTP 访问，故还需要添加两个测试客户端，并将对应 Vlan 划分至测试客户端的连接端口上，同时还需要配置相应 IP 与域名服务器。

（5）在内网路由器上配置 DHCP 服务器，实现下连二层交换机处于不同 Vlan 的 PC 都能获得相应的 IP 地址。

注意：测试客户端如果需要访问到域名地址，则需要设置域名服务器的地址与本机 IP 地址，这里将域名服务器设置为 DNS 服务器的地址，而本机 IP 地址和域名服务器的地址按照图 6.3.1 配置。那么什么是 DNS 服务器呢？DNS 服务器主要负责解析域名，DNS 是进行域名和与之相对应的 IP 地址转换的服务器。DNS 服务器中保存了一张域名和与之相对应的 IP 地址的表，以解析消息的域名。

本任务需要用到 DNS 服务器与 Web 服务器，因此在任务前需要先根据网络拓扑结构图为 ISP 端的 DNS 服务器和 Web 服务器配置相应的 IP 地址，同时需要在 DNS 服务器上和 Web 服务器分别添加 HTTP 文件与域名。

1. DNS 服务器的配置

DNS 服务器的 IP 配置如图 6.3.2 所示。

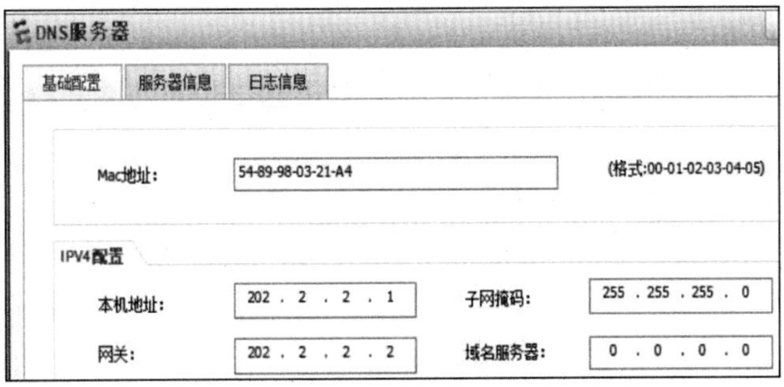

图 6.3.2　DNS 服务器的 IP 配置

在 DNS 服务器上进行域名解析，需将 www.Huawei.com 的域名解释为 Web 服务器的 IP 地址，以便公司内部的 4 台计算机通过这个域名访问 Web 服务器。具体配置方法如图 6.3.3 所示。

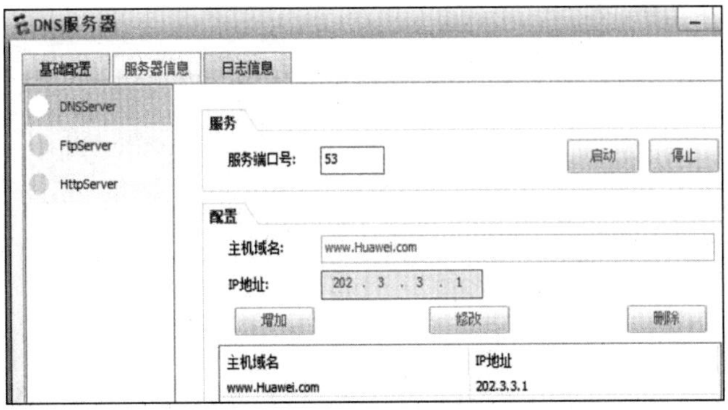

图 6.3.3　配置 DNS 解析

2. Web 服务器的配置

默认情况下添加服务器，其 Web 服务是开启的，因此不必再去开启一次。其次，需要在 Web 服务器上添加根目录，这里将实体机桌面作为根目录。

Web 服务器的 IP 配置如图 6.3.4 所示。

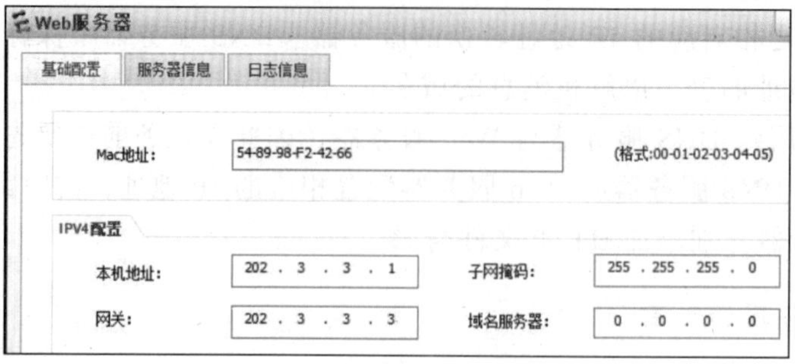

图 6.3.4　Web 服务器的 IP 配置

Web 服务器中的根目录配置如图 6.3.5 所示。

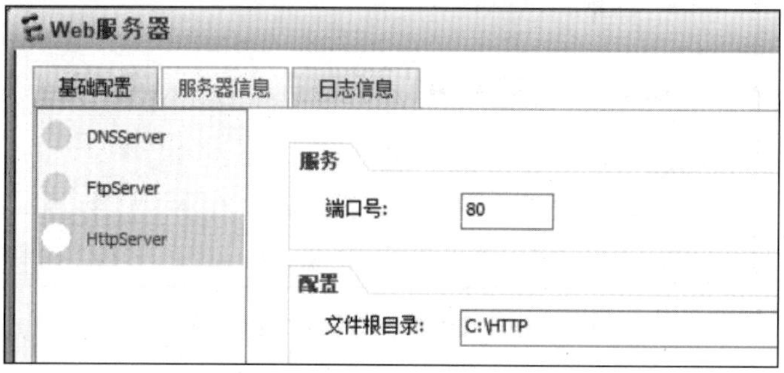

图 6.3.5　Web 服务器中的根目录配置

训练步骤

01 在内网路由器上配置单臂路由和 DHCP 服务。

```
[Huawei]sysname R2
[R2]ip pool Vlan-2
[R2-ip-pool-Vlan-2]network  192.168.2.0 mask 255.255.255.0
[R2-ip-pool-Vlan-2]dns-list  202.2.2.1
[R2-ip-pool-Vlan-2]gateway-list 192.168.2.1
[R2-ip-pool-Vlan-2]quit
[R2]ip pool Vlan-3
[R2-ip-pool-Vlan-3]network  192.168.3.0 mask 255.255.255.0
[R2-ip-pool-Vlan-3]gateway-list  192.168.3.1
[R2-ip-pool-Vlan-3]dns-list  202.2.2.1        //配置 DNS 服务器地址
[R2-ip-pool-Vlan-3]quit
[R2]dhcp enable
```

```
[R2]int g0/0/0.2
[R2-GigabitEthernet0/0/0.2]dot1q termination  vid 2
                    //标识子端口 VID 号
[R2-GigabitEthernet0/0/0.2]ip add 192.168.2.1 24
[R2-GigabitEthernet0/0/0.2]arp broadcast enable
                    //使能子端口的 ARP 广播功能
[R2-GigabitEthernet0/0/0.2]dhcp select  global
                    //选择全局的地址池给 DHCP 客户端使用
[R2-GigabitEthernet0/0/0.2]quit
[R2]int g0/0/0.3
[R2-GigabitEthernet0/0/0.2]dot1q termination  vid 3
                    //标识子端口 VID 号
[R2-GigabitEthernet0/0/0.2]ip add 192.168.3.1 24
[R2-GigabitEthernet0/0/0.2]arp broadcast enable
[R2-GigabitEthernet0/0/0.2]dhcp select global
[R2-GigabitEthernet0/0/0.2]quit
[R2]acl number 2000
[R2-acl-basic-2000]rule permit source  192.168.2.0 0.0.0.255
[R2-acl-basic-2000]rule permit source  192.168.3.0 0.0.0.255
[R2-acl-basic-2000]quit
[R2]ip route-static 0.0.0.0 0 s2/0/0   //配置默认路由,出端口为 S2/0/0
[R2]int s2/0/0
[R2-Serial2/0/0]ip add 202.1.1.1 24
[R2-Serial2/0/0]nat outbound 2000       //在此端口进行 NAT 应用
[R2-Serial2/0/0]quit
```

02 ISP 公网路由器的配置。

```
[Huawei]sysname R1
[R1]int s2/0/0
[R1-Serial2/0/0]ip add 202.1.1.2 24
[R1-Serial2/0/0]int g0/0/0
[R1-GigabitEth0/0/0]ip add 202.2.2.2 24
[R1-GigabitEth0/0/0]int g0/0/1
[R1-GigabitEth0/0/1]ip add 202.3.3.3 24
[R1-GigabitEth0/0/1]quit
```

03 内网交换机的配置。

```
[S1]vlan batch 2 3
[S1]interface ethernet 0/0/1
[S1-Ethernet0/0/1]port link-type trunk
[S1-Ethernet0/0/1]port trunk allow-pass vlan 2 3
[S1]port-group group-member  Ethernet 0/0/2 to e0/0/4
[S1-port-group]port link-type  access
[S1-port-group]port default  vlan 2
[S1-port-group]quit
[S1]port-group group-member  Ethernet 0/0/5 to e0/0/7
```

```
[S1-port-group]port link-type  access
[S1-port-group]port default  vlan 3
[S1-port-group]quit
```

04 训练测试。

（1）查看公司内网的所有 PC 是否正确分配到自己所在的 Vlan 相应的 IP 地址。在 Vlan2 中的 PC1 上获得的 IP 地址如图 6.3.6 所示。

图 6.3.6 在 PC1 上查询自动获取到的 IP 地址

（2）在测试客户端 Client1 上配置相应 Vlan 的 IP 地址以及 DNS 服务器，分别通过 www.Huawei.com 的域名与 202.3.3.1 地址访问 ISP 端的 Web 服务器上的网页。在测试客户端通过地址所访问到的网页如图 6.3.7 所示，在测试客户端通过域名所访问到的网页如图 6.3.8 所示。

图 6.3.7 在测试客户端通过地址访问网页

图 6.3.8 在测试客户端通过域名访问网页

■ 训 练 小 结

（1）通过路由器的单臂路由功能，可以实现 DHCP 应用到不同 Vlan 中的 PC 以获取到相应的 IP 配置。

（2）通过配置 DNS 服务器，能实现访问所配置好的域名地址。

任务四 ┃ 模拟实现多路由通信

■ 训 练 描 述

假如你是某公司的高级网络管理员，现公司通过一台路由器与公网互连，但由于客户端与服务器并不处于同一个网段，所以你需要将两台交换机作为 DHCP 中继，使得公司财务部和研发部的计算机分别通过各自所在的 Vlan 自动获取 IP 地址，并通过内网路由器访问公网的 Web 服务器。经过与公司的充分沟通，所设计的项目方案已得到公司的认可，请你负责整个网络的实施。本任务的网络拓扑结构图如图 6.4.1 所示。

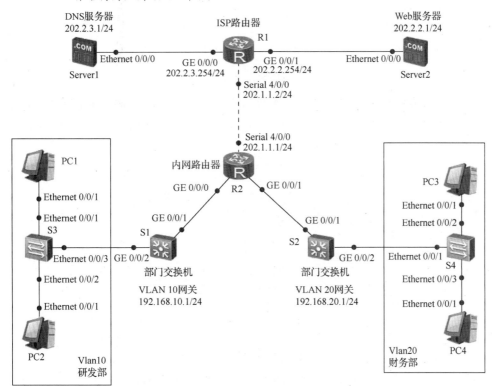

图 6.4.1 模拟实现多路由网络拓扑结构图

■ 训练要求

模拟实现多
路由通信

（1）根据网络拓扑结构图添加相应的网络设备。

（2）为路由器添加 2SA 串行模块端口，便于数据传输。

（3）在 3 个内网设备中使用 OSPF 路由协议进行通信，并分别发布各自的网段信息。

（4）在内网路由器配置 DHCP 服务器，并将两台交换机作为 DHCP 中继为相应的 PC 下发 IP 地址。

本任务同样需要用到 DNS 服务器与 Web 服务器，所以在任务前需要先根据网络拓扑结构图为 ISP 端的 DNS 服务器和 Web 服务器配置相应的 IP 地址，同时需要在 DNS 服务器上添加域名地址。

1. DNS 服务器的配置

DNS 服务器的 IP 配置如图 6.4.2 所示。

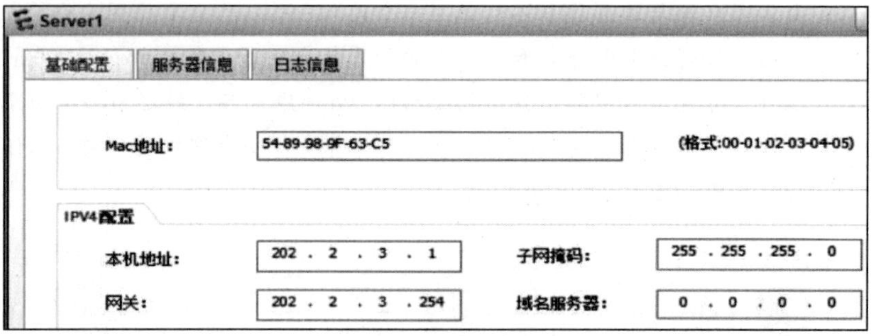

图 6.4.2　在 DNS 服务器上配置 IP 地址

在 DNS 服务器上进行域名解析，需将 www.Huawei.com 的域名解释为 Web 服务器的 IP 地址，以便公司内部的两个部门的通过这个域名访问 Web 服务器。具体配置方法如图 6.4.3 所示。

图 6.4.3　在 DNS 服务器上配置域名解析

2. Web 服务器的配置

Web 服务器的 IP 配置如图 6.4.4 所示。

服务器信息	日志信息		
地址:	54-89-98-BF-42-67		(格式:00-01-02-03-04-05)
地址:	202 . 2 . 2 . 1	子网掩码:	255 . 255 . 255 . 0
:	202 . 2 . 2 . 254	域名服务器:	0 . 0 . 0 . 0

图 6.4.4　在 Web 服务器上配置 IP 地址

训练步骤

01 将内网路由器设置为 DHCP 服务器。

```
[Huawei]sysname R2
[R2]dhcp enable
[R2]ip pool Vlan-10
[R2-ip-pool-Vlan-10]network  192.168.10.1 mask 255.255.255.0
[R2-ip-pool-Vlan-10]gateway-list  192.168.10.1
[R2-ip-pool-Vlan-10]dns-list  202.2.3.1
[R2-ip-pool-Vlan-10]quit
[R2]ip pool Vlan-20
[R2-ip-pool-Vlan-20]network 192.168.20.1 mask 255.255.255.0
[R2-ip-pool-Vlan-20]gateway-list 192.168.20.1
[R2-ip-pool-Vlan-20]dns-list 202.2.3.1
[R2-ip-pool-Vlan-20]quit
[R2]int s4/0/0
[R2-Serial4/0/0]ip add 202.1.1.1 24
[R2-Serial4/0/0]int g0/0/0
[R2-GigabitEthernet0/0/0]ip add 172.16.2.1 24
[R2-GigabitEthernet0/0/0]dhcp select  global
[R2-GigabitEthernet0/0/0]int g0/0/1
[R2-GigabitEthernet0/0/1]ip add 172.16.3.1 24
[R2-GigabitEthernet0/0/1]dhcp select global
[R2]acl number 2000
[R2-acl-basic-2000]rule permit source 192.168.20.1 0.0.0.255
[R2-acl-basic-2000]rule permit source 192.168.10.1 0.0.0.255
[R2-acl-basic-2000]quit
[R2]int s4/0/0
[R2-Serial4/0/0]nat outbound 2000    //在此端口进行 NAT 应用
[R2-Serial4/0/0]quit
```

02 在内网路由器上运行 OSPF 协议。

```
[R2]ospf 10                    //创建并运行 OSPF，10 代表进程号
[R2-ospf-10]area 0             //创建区域号
[R2-ospf-10-area-0.0.0.0]network 172.16.3.1 255.255.255.0
[R2-ospf-10-area-0.0.0.0]network 172.16.2.1 255.255.255.0
                               //指定发布运行在 OSPF 内的端口
                               //发布一条默认路由
[R2-ospf-10-area-0.0.0.0]quit
[R2-ospf-10]default-route originate always
[R2-ospf-10]quit
[R2]ip route-static 0.0.0.0 0 202.1.1.2
```

03 分别将两台部门交换机设置为 DHCP 中继。

```
[Huawei]sysname S1
[S1]vlan 172
[S1-vlan172]int vlan 172
[S1-Vlanif172]ip add 172.16.2.2 24
[S1-Vlanif172]vlan 10
[S1-vlan10]int vlan 10
[S1-Vlanif10]ip add 192.168.10.1 24
[S1-Vlanif10]quit
[S1] int g0/0/1
[S1-GigabitEthernet0/0/1]port link-type  access
[S1-GigabitEthernet0/0/1]port default  vlan 172
[S1-GigabitEthernet0/0/1]int g0/0/2
[S1-GigabitEthernet0/0/2]port default  vlan 10
[S1-GigabitEthernet0/0/2]quit
[S1]dhcp enable
[S1]int vlan 10
[S1-Vlanif10]dhcp select relay       //使能 DHCP 中继功能
[S1-Vlanif10]dhcp relay server-ip 172.16.2.1
                                     //指向 DHCP 服务器的 IP 地址
[S1-Vlanif10]quit
[S1]ospf 10                          //创建并运行 OSPF，10 代表进程号
[S1-ospf-10]area 0                   //创建区域号
[S1-ospf-10-area-0.0.0.0]network 192.168.10.1 255.255.255.0
[S1-ospf-10-area-0.0.0.0]network 172.16.2.2 255.255.255.0
[S1-ospf-10-area-0.0.0.0]quit
[S1-ospf-10]quit

[Huawei]sysname S2
[S2]vlan 172
[S2-vlan172]int vlan 172
[S2-Vlanif172]ip add 172.16.3.2 24
[S2-Vlanif172]vlan 20
```

```
[S2-vlan20]int vlan 20
[S2-Vlanif20]ip add 192.168.20.1 24
[S2-Vlanif20]quit
[S2] int g0/0/1
[S2-GigabitEthernet0/0/1]port default  vlan 172
[S2-GigabitEthernet0/0/1]int g0/0/2
[S2-GigabitEthernet0/0/2]port link-type  access
[S2-GigabitEthernet0/0/2]port default  vlan 20
[S2-GigabitEthernet0/0/2]quit
[S2]dhcp enable
[S2]int vlan 20
[S2-Vlanif20]dhcp select relay        //使能 DHCP 中继功能
[S2-Vlanif20]dhcp relay server-ip 172.16.3.1
                                      //指向 DHCP 服务器的 IP 地址
[S2-Vlanif20]quit
[S2]ospf 10
[S2-ospf-10]area 0
[S2-ospf-10-area-0.0.0.0]network 192.168.20.1 255.255.255.0
[S2-ospf-10-area-0.0.0.0]network 172.16.3.2 255.255.255.0
[S2-ospf-10-area-0.0.0.0]quit
[S2-ospf-10]quit
```

04 配置 ISP 路由器。

```
[Huawei]sysname R1
[R1]int s4/0/0
[R1-Serial4/0/0]ip add 202.1.1.2 24
[R1-Serial4/0/0]int g0/0/1
[R1-GigabitEthernet0/0/1]ip add 202.2.2.254 24
[R1-GigabitEthernet0/0/1]int g0/0/0
[R1-GigabitEthernet0/0/0]ip add 202.2.3.254 24
[R1-GigabitEthernet0/0/0]quit
[R1]ip route-static 0.0.0.0 0 202.1.1.1
```

05 在距离财务部最近的三层设备上配置访问控制列表。

```
[S2]acl number  3000    //创建 ACL
[S2-acl-ad-3000]rule  deny  icmp  source  192.168.20.1  0.0.0.255
destination 202.2.2.1 0    //拒绝源地址为 192.168.20.1 网段的地址和目的地址为
202.2.2.1 的地址之间的 ICMP 数据包通信
[S2-acl-adv-3000]quit
[S2]int Vlanif 20
[S2-Vlanif 20]traffic-filter inbound acl 3000    //将该规则运用到该端
口的入口方向
[S2-Vlanif 20]quit
```

06 训练测试。

（1）查看公司两个部门的 PC 是否正确分配到自己所在的网段相应的地址。图 6.4.5 和图 6.4.6 所示分别为在 PC1 和 PC3 上查看自动获取的 IP 地址。

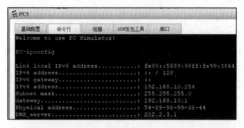

图 6.4.5 在 PC1 上查看自动获取的 IP 地址

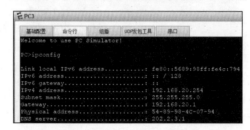

图 6.4.6 在 PC3 上查看自动获取的 IP 地址

（2）验证两个部门的 PC 是否能 ping 通 Web 服务器 202.2.2.1 地址，根据 ACL 访问控制列表，Vlan10 所在部门能 ping 通 Web 服务器，Vlan20 不能 ping 通 Web 服务器。图 6.4.7 和图 6.4.8 所示分别在 PC1 和 PC3 上能否 ping 通 Web 服务器的情况。

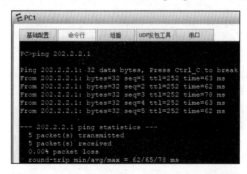

图 6.4.7 在 PC1 上能 ping 通 Web 服务器

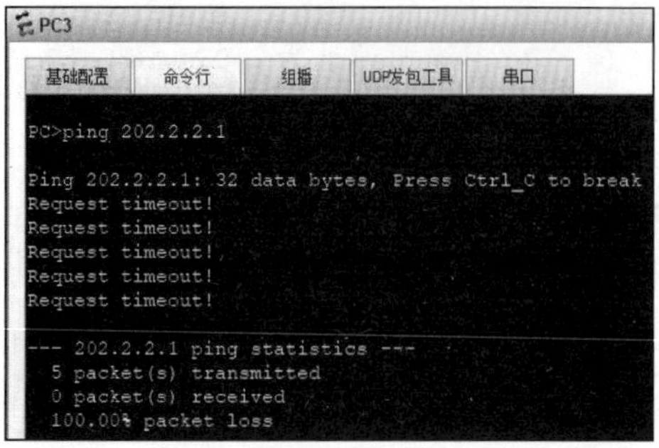

图 6.4.8 在 PC3 上不能 ping 通 Web 服务器

训练小结

（1）通过 DHCP 中继的功能，使用 IP 广播来寻找同一网段上的 DHCP 服务器，可以实现在不同子网和物理网段之间处理和转发 DHCP 信息，从而实现跨网段分配地址。同时，路由器或者三层交换机都可以充当 DHCP 中继。

（2）首先，ACL 是一种基于包过滤的访问控制技术，它可以精准匹配到想要抓取的报文或者流量；其次它根据设定的规则对接口上的数据包进行过滤，允许其通过或丢弃；再者，借助于访问控制列表，可以最大限度地保障网络安全。

任务五 多链路负载均衡架构

训练描述

某公司通过一个路由器与公网互连，内网通过一台交换机将所有计算机互连，在交换机上划分 Vlan，公司内部的计算机通过各自所在的 Vlan 通过内网路由器自动获取 IP 地址，然后访问公网地址，从而实现内网计算机多链路负载均衡访问外网。本任务的网络拓扑结构图如图 6.5.1 所示。

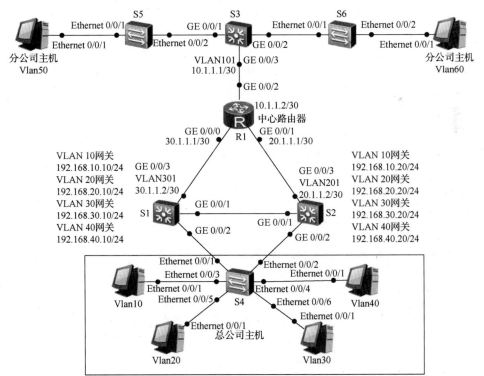

图 6.5.1　多链路负载均衡架构的网络拓扑结构图

多链路负载
均衡架构

训练要求

（1）根据图 6.5.1 配置各设备相应的 IP 地址。

（2）在总公司的设备上划分好各网段主机的 Vlan，以便后续通信。

（3）在总公司的 3 台交换机设备上分别开启多实例生成树，并将 S1 作为 Vlan10、Vlan20 网段主机的根桥，将 S2 作为 Vlan30、Vlan 40 网段主机的根桥。

（4）在总公司的两台三层交换机上分别运行 VRRP。

（5）全网使用静态路由进行通信。

在任务开始之前，首先需要简单地对 VRRP（virtual router redundancy protocol，虚拟路由冗余协议）的工作原理进行一个简单的介绍。VRRP 通过将几台网关设备组成一台虚拟的网关设备，并通过一定机制保证当主机的下一跳路由器出现障碍时，可以及时由另一台路由器来代替，从而保证通讯的连续性和可靠性。VRRP 将局域网内的一组网关设备划分在一起，称为一个网关组。网关组由一个 Master 路由器和多个 Backup 路由器组成，其功能相当于一台虚拟路由器，而局域网内的主机只需要知道这个虚拟路由器的 IP 地址，而不需要知道是哪台设备的 IP 地址。将局域网内的主机的默认网关设置为该虚拟路由器的 IP 地址，就可以利用该虚拟网关与外界进行通信。VRRP 将该虚拟路由器动态关联到承担传输业务的物理路由器上，当该物理路由器出现故障时，再次选择新路由器来接替业务传输工作，整个过程对用户完全透明，实现了内网和外网的不间断通信。

训练步骤

01 总公司两台交换机 S1 和 S2 的基本配置。

```
[S1]sysname S1
[S1]vlan batch 10 20 30 40 301
[S1]int vlan 10
[S1-Vlanif10]ip add 192.168.10.10 24
[S1-Vlanif10]int vlan 20
[S1-Vlanif20]ip add 192.168.20.10 24
[S1-Vlanif20]int vlan 30
[S1-Vlanif30]ip add 192.168.30.10 24
[S1-Vlanif30]int vlan 40
[S1-Vlanif40]ip add 192.168.40.10 24
[S1-Vlanif40]int vlan 301
[S1-Vlanif301]ip add 30.1.1.2 30
[S1]int g0/0/1
[S1-GigabitEthern0/0/1]port link-type  trunk
[S1-GigabitEther0/0/1]port trunk allow-pass  vlan 10 20 30 40
[S1-GigabitEthern0/0/1]int g0/0/2
[S1-GigabitEther0/0/2]port link-type  trunk
[S1-GigabitEther0/0/2]port trunk allow-pass  vlan 10 20 30 40
```

```
[S1-GigabitEther0/0/2]int g0/0/3
[S1-GigabitEther0/0/3]port link-type  access
[S1-GigabitEther0/0/3]port default  vlan 301
[S1-GigabitEther0/0/3]quit

[S2]sysname S2
[S2]vlan batch 10 20 30 40 201
[S2]int vlan 10
[S2-Vlanif10]ip add 192.168.10.20 24
[S2-Vlanif10]int vlan 20
[S2-Vlanif20]ip add 192.168.20.20 24
[S2-Vlanif20]int vlan 30
[S2-Vlanif30]ip add 192.168.30.20 24
[S2-Vlanif30]int vlan 40
[S2-Vlanif40]ip add 192.168.40.20 24
[S2-Vlanif40]int vlan 201
[S2-Vlanif201]ip add 20.1.1.2 30
[S2]int g0/0/1
[S2-GigabitEther0/0/1]port link-type  trunk
[S2-GigabitEther0/0/1]port trunk allow-pass  vlan 10 20 30 40
[S2-GigabitEther0/0/1]int g0/0/2
[S2-GigabitEther0/0/2]port link-type  trunk
[S2-GigabitEther0/0/2]port trunk allow-pass  vlan 10 20 30 40
[S2-GigabitEther0/0/2]int g0/0/3
[S2-GigabitEther0/0/3]port link-type  access
[S2-GigabitEther0/0/3]port default  vlan 201
[S2-GigabitEther0/0/3]quit
```

02 在总公司的 S4 交换机上划分 Vlan。

```
[S4]vlan batch 10 20 30 40
[S4]interface Ethernet0/0/1
[S4-Ethernet0/0/1]port link-type trunk
[S4-Ethernet0/0/1]port trunk allow-pass vlan all
[S4]interface Ethernet0/0/2
[S4-Ethernet0/0/2]port link-type trunk
[S4-Ethernet0/0/2]port trunk allow-pass vlan all
[S4-Ethernet0/0/2]interface Ethernet0/0/3
[S4-Ethernet0/0/3]port link-type access
[S4-Ethernet0/0/3]port default vlan 10
[S4-Ethernet0/0/3]interface Ethernet0/0/4
[S4-Ethernet0/0/4]port link-type access
[S4-Ethernet0/0/4]port default vlan 40
[S4-Ethernet0/0/4]interface Ethernet0/0/5
[S4-Ethernet0/0/5]port link-type access
[S4-Ethernet0/0/5]port default vlan 20
[S4-Ethernet0/0/5]interface Ethernet0/0/6
[S4-Ethernet0/0/6]port link-type access
```

```
[S4-Ethernet0/0/5]port default vlan 30
[S4-Ethernet0/0/5]quit
```

03 在总公司的两台交换机 S1 和 S2 上部署 VRRP。

```
[S1]int vlan 10
[S1-Vlanif10]vrrp vrid 10 virtual-ip 192.168.10.254
//定义 VRRP 组及虚拟 IP 地址
[S1-Vlanif10]vrrp vrid 10 preempt-mode timer delay 10
//配置抢占延迟时间,即当 Matser 设备在故障恢复后,重新切换回 Matser 的时间
[S1-Vlanif10]vrrp vrid 10 priority 120     //配置该 VRRP 组的优先级
[S1-Vlanif10]vrrp vrid 10 track interfac vlan 301 reduced 30
//配置端口监控,即当所监控的端口 down 掉后,VRRP 组所降低的优先级多少
[S1-Vlanif10]int vlan 20
[S1-Vlanif20]vrrp vrid 20 virtual-ip 192.168.20.254
[S1-Vlanif20]vrrp vrid 20 preempt-mode timer delay 10
[S1-Vlanif20]vrrp vrid 20 priority 120
[S1-Vlanif20]vrrp vrid 20 track interfac vlan 301 reduced 30
[S1-Vlanif20]int vlan 30
[S1-Vlanif30]vrrp vrid 30 virtual-ip 192.168.30.254
[S1-Vlanif30]vrrp vrid 30 preempt-mode timer delay 10
[S1-Vlanif30]int vlan 40
[S1-Vlanif40]vrrp vrid 40 virtual-ip 192.168.40.254
[S1-Vlanif40]vrrp vrid 40 preempt-mode timer delay 10
[S1-Vlanif40]quit
```

```
[S2]int vlan 10
[S2-Vlanif10]vrrp vrid 10 virtual-ip 192.168.10.254
[S2-Vlanif10]vrrp vrid 10 preempt-mode timer delay 10
[S2-Vlanif10]int vlan 20
[S2-Vlanif20]vrrp vrid 20 virtual-ip 192.168.20.254
[S2-Vlanif20]vrrp vrid 20 preempt-mode timer delay 10
[S2-Vlanif20]int vlan 30
[S2-Vlanif30]vrrp vrid 30 virtual-ip 192.168.30.254
[S2-Vlanif30]vrrp vrid 30 preempt-mode timer delay 10
[S2-Vlanif30]vrrp vrid 30 priority 120
[S2-Vlanif30]vrrp vrid 30 track interfac vlan 201 reduced 30
[S2-Vlanif30]int vlan 40
[S2-Vlanif40]vrrp vrid 40 virtual-ip 192.168.40.254
[S2-Vlanif40]vrrp vrid 40 preempt-mode timer delay 10
[S2-Vlanif40]vrrp vrid 40 priority 120
[S2-Vlanif40]vrrp vrid 40 track interfac vlan 201 reduced 30
[S2-Vlanif40]quit
```

04 在总公司的 3 台交换机上分别开启多实例生成树。

```
[S1]stp mode mstp                          //开启交换机 MSTP 功能
[S1]stp region-configuration               //进入 MST 域
[S1-mst-region]instance 1 vlan 10 20       //绑定 Vlan10、20 为实例 1
```

```
[S1-mst-region]instance 2 vlan 30 40        //绑定 Vlan30、40 为实例 2
[S1-mst-region]active region-configuration  //激活 MST 域配置
[S1-mst-region]quit
[S1]stp instance 1 root primary             //定义本交换机为实例1的根桥

[S2]stp mode mstp
[S2]stp region-configuration
[S2-mst-region]instance 1 vlan 10 20
[S2-mst-region]instance 2 vlan 30 40
[S2-mst-region]active region-configuration  //激活 MST 域配置
[S2-mst-region]quit
[S2]stp instance 2 root primary             //定义本交换机为实例2的根桥

[S4]stp mode mstp
[S4]stp region-configuration
[S4-mst-region]instance 1 vlan 10 20
[S4-mst-region]instance 2 vlan 30 40
[S3700-1-mst-region]active region-configuration   //激活 MST 域配置
```

05 在总公司的中心路由器和两台交换机上配置静态路由。

```
[R1]int g0/0/2
[R1-GigabitEthernet0/0/2]ip add 10.1.1.2 30
[R1-GigabitEthernet0/0/2]int g0/0/0
[R1-GigabitEthernet0/0/0]ip add 30.1.1.1 30
[R1-GigabitEthernet0/0/0]int g0/0/1
[R1-GigabitEthernet0/0/1]ip add 20.1.1.1 30
[R1-GigabitEthernet0/0/1]quit
[R1]ip route-static 192.168.0.0 255.255.0.0 30.1.1.2
[R1]ip route-static 192.168.0.0 255.255.0.0 20.1.1.2
[R1]ip route-static 192.168.50.0 255.255.255.0 10.1.1.1
[R1]ip route-static 192.168.60.0 255.255.255.0 10.1.1.1

[S1]ip route-static 0.0.0.0 0 30.1.1.1

[S2]ip route-static 0.0.0.0 0 20.1.1.1
```

06 在分公司的 S3 上绑定 Vlan 并配置静态路由。

```
[S3]vlan batch 50 60 101
[S3]int g0/0/1
[S3-GigabitEthernet0/0/1]port link-type access
[S3-GigabitEthernet0/0/1]port default vlan 50
[S3-GigabitEthernet0/0/1]int g0/0/2
[S3-GigabitEthernet0/0/2]port link-type access
[S3-GigabitEthernet0/0/2]port default vlan 60
[S3-GigabitEthernet0/0/2]int g0/0/3
[S3-GigabitEthernet0/0/3]port link-type access
[S3-GigabitEthernet0/0/3]port default vlan 101
```

```
[S3-GigabitEthernet0/0/3]quit
[S3]int vlan 50
[S3-Vlanif50]ip add 192.168.50.254 24
[S3-Vlanif50]int vlan 60
[S3-Vlanif50]ip add 192.168.60.254 24
[S3-Vlanif50]int vlan 101
[S3-Vlanif101]ip add 10.1.1.1 30
[S3-Vlanif101]quit
[S3]ip route-static 192.168.0.0 255.255.0.0 10.1.1.2
```

07 训练测试。

将总公司的 S1 与中心路由器所连接的端口进行 down 处理（即 G0/0/3），然后进入总公司的 S2，使用 display vrrp bri 命令查看结果，如图 6.5.2 所示。

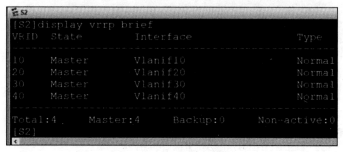

图 6.5.2 在 S2 上的查看结果

■ 训练小结

网络工程师由于冗余备份的需要，一般倾向于在设备之间部署多条物理链路并使能 VRRP，其中一条作主用链路，其他作备份链路。这样就难免会形成环形网络，而网络工程师规划好网络后，可以在网络中部署 MSTP（multi-service transport platform，多业务传送平台）预防环路，从而防止广播风暴的发生。

任务六 园区网综合实训一

■ 训练描述

某学校校园网分为两个校区，如图 6.6.1 所示，主校区用 S1、S2 模拟校园网三层交换机,分校区用一台 PC 模拟，即 PC4，出口路由器为 R1；两校区通过租用公网专线互连，用两台背靠背串口线互连模拟，PC1 模拟公网的主机，S1 模拟公网交换机，R1 通过以太网接入到公网，R2 通过两台背靠背串口线与 R1 互连，IP 地址设置如图 6.6.1 所示。学校要求主校区的 PC2、Server-PT 能够通过 R1 的动态地址转换访问到 PC1；要求将主校区的 Web 服务发布到公网，让 PC1 和分校区的 PC4 能够访问；要求将分校区的 PC4，以一对一的地址映射方式发布 到公网，让 PC1、PC2、Server-PT 可以访问。本任务的网络拓扑结构图如图 6.6.1 所示。

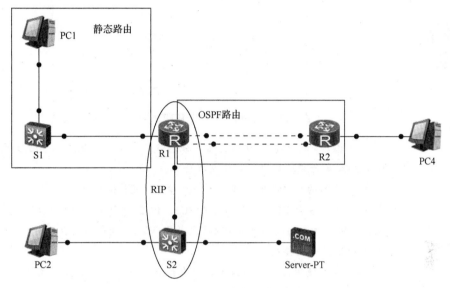

图 6.6.1　校园网网络拓扑结构图

■ 训练要求

（1）按照图 6.6.1，配置各设备相应的 IP 地址。

（2）在主校区 S2 上划分 Vlan10、Vlan20 两个 Vlan，PC2、Server-PT 分别接 入到 Vlan10、Vlan20；S2 与 R1 之间三层互连。

（3）S2 与 R1 之间运行 RIP 路由协议，实现内网两个 Vlan 与 R1 之间的正常 通信。

（4）S1 与 R1 之间运行静态路由协议,实现 PC1 能正常访问到 R1。

（5）R1 与 R2 之间通过两条串口链路互连，封装 PPP，配置 123.1.2.8/30 这 条链路启用 PPP 采用 CHAP 验证方式，两端通信密钥均为 dcn。

（6）R1 与 R2 之间运行 OSPF 动态路由协议，实现 R1 能正常访问到 R2 的 lookback 地址 123.6.6.6。

（7）在 R1 上，配置 OSPF，将静态路由重分布至 OSPF 路由表中，实现 PC1 能正常访问到 R2 的 lookback 地址 123.6.6.6。

（8）在 R1 上配置动态 NAT，以实现 PC2 和 Server-PT 能访问到 PC1。

（9）在 R1 上配置静态 NAT，以实现 PC1 能通过公网地址 123.1.2.2 的 80 端 口访问到 Server-PT 上发布的网站。

（10）在 R2 上配置动态 NAT，实现 PC4 能访问到 PC1。

（11）添加 3 台 PC，分别命名为 PC1、PC2 和 PC4；添加一台服务器，命名为 Server-PT，在 Server-PT 开启 HTTP（即 Web）服务，并选取一个空目录作为 Server-PT 服务器的根目录，如图 6.6.2 所示。

园区网综合
实训一

图 6.6.2　Server-PT 的 HTTP 服务的根目录设置

（12）添加两个 AR1220 路由器，分别命名为 R1 与 R2，并分别为两个路由器添加 2SA 串行模块端口，以便数据传输。

（13）添加两台 S5700 交换机，分别命名为 S1 和 S2。

（14）添加 3 台 PC，分别命名为 PC1、PC2 和 PC4，添加一台服务器，命名为 Server-PT，在 Server-PT 开启 HTTP（即 Web）服务，然后为所有 PC 配置相应的 IP 地址，子网掩码和网关。

（15）最后使用正确的线缆连接所有设备，并标明所连接的端口名称，得到如图 6.6.3 所示的虚拟网络拓扑结构图。

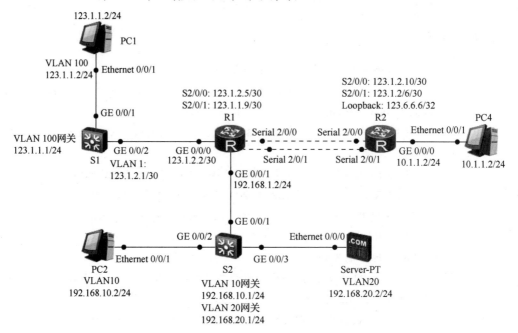

图 6.6.3　虚拟网络拓扑结构图

训练步骤

01 交换机 S1 与 S2 的基本配置。

```
[Huawei]sysname S1
[S1]vlan 100
[S1-vlan100]int g0/0/1
[S1-GigabitEthernet0/0/1]port link-type access
[S1-GigabitEthernet0/0/1]port default vlan 100
[S1-GigabitEthernet0/0/1]quit
[S1]int vlan 1
[S1-Vlanif1]ip add 123.1.2.1 30
[S1-Vlanif1]int vlan 100
[S1-Vlanif100]ip add 123.1.1.1 24
[S1-Vlanif100]quit

[Huawei]sysname S2
[S2]vlan batch 10 20
[S2]int g0/0/2
[S2-GigabitEthernet0/0/2]port link-type access
[S2-GigabitEthernet0/0/2]port default vlan 10
[S2-GigabitEthernet0/0/2]quit
[S2]int g0/0/3
[S2-GigabitEthernet0/0/3]port link-type access
[S2-GigabitEthernet0/0/3]port default vlan 20
[S2-GigabitEthernet0/0/3]quit
[S2]int vlan 1
[S2-Vlanif1]ip add 192.168.1.1 24
[S2-Vlanif1]int vlan 10
[S2-Vlanif10]ip add 192.168.10.1 24
[S2-Vlanif10]int vlan 20
[S2-Vlanif20]ip add 192.168.20.1 24
[S2-Vlanif20]quit
```

02 路由器 R1 与 R2 的基本配置及广域网封装。

```
[Huawei]sysname R1
[R1]aaa
[R1-aaa]local-user R1 password cipher 00          //创建对端用户
[R1-aaa]local-user R1 service-type ppp            //为该用户开启 ppp
[R1-aaa]quit
[R1]int g0/0/0
[R1-GigabitEthernet0/0/0]ip add 123.1.2.2 30
[R1-GigabitEthernet0/0/0]quit
[R1]int g0/0/1
[R1-GigabitEthernet0/0/1]ip add 192.168.1.2 24
```

```
[R1-GigabitEthernet0/0/1]quit
[R1]int s2/0/0
[R1-Serial2/0/0]link-protocol ppp              //串口的封装类型使用PPP
[R1-Serial2/0/0]ip add 123.1.2.5 30
[R1-Serial2/0/0]ppp authentication-mode chap   //启用CHAP认证
[R1-Serial2/0/0]quit
[R1]int s2/0/1
[R1-Serial2/0/1]ip add 123.1.2.9 30
[R1-Serial2/0/1]link-protocol ppp
[R1-Serial2/0/1]quit

[R2]int g0/0/0
[R2-GigabitEthernet0/0/0]ip add 10.1.1.1 24
[R2-GigabitEthernet0/0/0]quit
[R2]int s2/0/0
[R2-Serial2/0/0]ip add 123.1.2.10 30
[R2-Serial2/0/0]link-protocol ppp
[R2-Serial2/0/0]quit
[R2]int s2/0/1
[R2-Serial2/0/1]ip add 123.1.2.6 30
[R2-Serial2/0/1]link-protocol ppp
[R2-Serial2/0/1]ppp chap user R1               //绑定对端认证用户
[R2-Serial2/0/1]ppp chap password cipher 00    //绑定对端认证密码
[R2-Serial2/0/1]quit
[R2]int loopback1
[R2-LoopBack1]ip add 123.6.6.6 32
[R2-LoopBack1]quit
```

03 路由协议配置。

以上配置已经实现网络设备之间点到点通信，但还未实现不同网段的通信，因此，还必须为每个设备配置路由协议。

（1）交换机 S1 的路由协议配置。根据训练要求，为 S1 配置静态路由。由于 S1 在本训练的网络拓扑结构图中属于终端网络设备，因此添加一条默认路由即可，配置命令如下：

```
[S1]ip route-static 0.0.0.0 0 123.1.2.2
```

（2）交换机 S2 的路由配置。根据训练要求，在 S2 使用 RIP 动态路由协议，配置命令如下：

```
[S2]rip 10                    //启动RIP
[S2-rip-10]version 2          //配置版本号
[S2-rip-10]network 192.168.10.0
[S2-rip-10]network 192.168.20.0
[S2-rip-10]network 192.168.1.0
[S2-rip-10]quit
```

（3）路由器 R1 的配置。由于 R1 是核心路由器，是整个网络拓扑的枢纽，因此在 R1 上要运行不同的路由协议，同时也要进行路由协议之间的重分布。

```
[R1]ip route-static 123.1.1.0 255.255.255.0 123.1.2.1
[R1]rip 10
[R1-rip-10]version 2
[R1-rip-10]network 192.168.1.0
[R1-rip-10]network 123.0.0.0
[R1-rip-10]import-route static          //重分布静态路由
[R1-rip-10]import-route ospf 10         //重分布 OSPF
[R1-rip-10]quit
[R1]ospf 10
[R1-ospf-10]area 0
[R1-ospf-10-area-0.0.0.10]network 123.1.2.5 255.255.255.252
[R1-ospf-10-area-0.0.0.10]network 123.1.2.9 255.255.255.252
[R1-ospf-10-area-0.0.0.10]quit
[R1-ospf-10]import-route static         //重分布静态路由
[R1-ospf-10]import-route rip 10         //重分布 RIP
[R1-ospf-10]quit
```

（4）路由器 R2 的配置。根据训练要求，需要在 R2 上使用 OSPF 动态路由协议。由于 PC4 所在网段需要通过 NAT 方式实现 PC2 和 Server-PT 的访问配置，因此在配置 OSPF 路由协议时不能宣告 PC4 的网络。

```
[R2]ospf 10
[R2-ospf-10]area 0
[R2-ospf-10-area-0.0.0.0]network 123.1.2.6 255.255.255.252
[R2-ospf-10-area-0.0.0.0]network 123.1.2.10 255.255.255.252
[R2-ospf-10-area-0.0.0.0]network 123.6.6.6 255.255.255.255
[R2-ospf-10-area-0.0.0.0]quit
[R2-ospf-10]quit
```

04 NAT 配置。

（1）在 R1 上配置动态 NAT 以实现 PC2 和 Sever-PT 能访问到 PC1，并配置静态 NAT 以实现 PC1 能通过公网地址 202.10.1.1 的 80 端口访问到 Server-PT。

```
[R1]acl number 2000  //创建一条 ACL
[R1-acl-adv-2000]rule permit  source 192.168.10.0 0.0.0.255
[R1-acl-adv-2000]rule permit  source 192.168.20.0 0.0.0.255
[R1-acl-adv-2000]quit
[R1]int g0/0/0
[R1-GigabitEthernet0/0/0]nat server protocol tcp global
202.10.1.1 www inside 192.168.20.2 www
//通过公网地址 202.10.1.1 的 80 端口访问到 Server-PT 的 http
[R1-GigabitEthernet0/0/0]nat outbound  2000
[R1-GigabitEthernet0/0/0]quit
```

（2）在 R2 上配置动态 NAT 以实现 PC4 能访问到 PC1。

```
[R2]acl number 3000
[R2-acl-adv-3000]rule permit ip source  10.1.1.0 0.0.0.255
```

```
[R2-acl-adv-3000]quit
[R2]int s2/0/0
[R2-Serial2/0/0]nat outbound 3000
[R2-Serial2/0/0]quit
[R2]int S2/0/1
[R2-Serial2/0/1]nat outbound 3000
[R2-Serial2/0/1]quit
```

05 训练测试。

（1）使用 ping 命令测试 PC1、PC2、Server-PT 与 R2 的 Loopback 连通性，如图 6.6.4 ~ 图 6.6.6 所示。

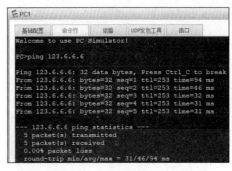

图 6.6.4　在 PC1 上使用 ping 命令测试与 R2 的 Loopback 连通性

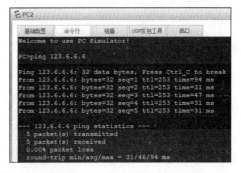

图 6.6.5　在 PC2 上使用 ping 命令测试与 R2 的 Loopback 连通性

图 6.6.6　在 Server-PT 上使用 ping 命令测试与 R2 的 Loopback 连通性

（2）使用 ping 命令测试 PC1 与 PC2、Server-PT 之间的连通性，如图 6.6.7 和图 6.6.8 所示。

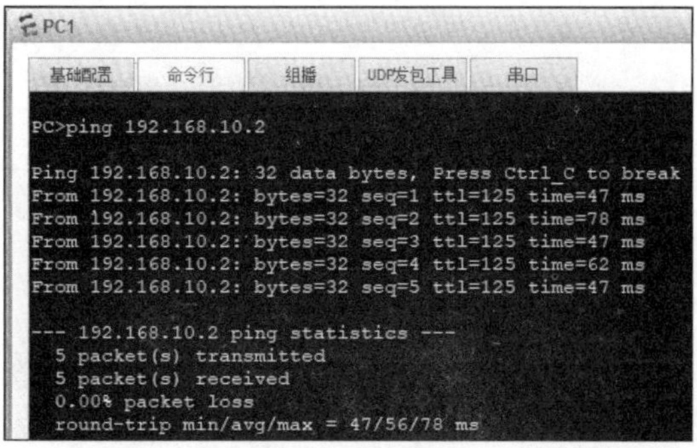

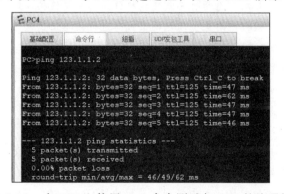

图 6.6.7　在 PC1 上使用 ping 命令测试与 PC2 的连通性

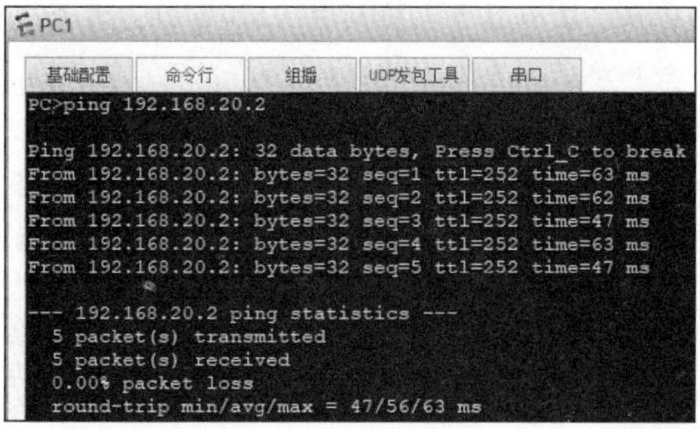

图 6.6.8　在 PC1 上使用 ping 命令测试与 Server-PT 的连通性

（3）使用 ping 命令测试 PC4 与 PC1 的连通性，如图 6.6.9 所示。

图 6.6.9　在 PC4 上使用 ping 命令测试与 PC1 的连通性

■ 训 练 小 结

　　庞大的广域网通常跨接很大的物理范围，所覆盖的范围十分广阔，它能连接多个地区、城市和国家，并能提供远距离通信，形成快速性的远程网络。在广域网中经常会使用串行链路来提供远距离的数据传输，而点对点协议 PPP 就是一种典型的串口封装协议。本训练将该协议应用至 R1 与 R2 的连接串口之中，从而做到了内部与外部网络的快速传输。

任务七 | 园区网综合实训二

训练描述

若某街道有 A 和 B 两个生活社区。A、B 两社区之间通过路由器 VPN 专线实现互连。A 社区作为因特网出口，A、B 两社区均通过该端口访问因特网。主要服务器放在 A 社区中，在 B 社区中使用两台三层交换机作为双核心，交换机设置链路汇聚。B 社区各大楼划归 Vlan 管理。要求优化网络配置，同时社区需要搭建多种网络服务等常用的功能。

根据上述描述与下列详细要求完成网络结构的设计与设备的连接，并画出完整的网络拓扑结构图。拓扑结构图中需要明确列出设备接线的端口号，以及端口相关的 IP 地址。实际接线与设置必须按照网络拓扑结构图进行。完成网络的规划设计后，按以下要求进行网络的连接与配置。

（1）社区 A 使用一台路由器作为网络唯一出口接入因特网，PC1 模拟因特网上的机器；Server-PT 也接入该路由器作为社区网内服务器。

（2）Server-PT 作为服务器，所有服务运行在虚拟机中。

（3）社区 B 使用一台路由器与社区 A 通过 VPN（IPSec）技术互连；社区 B 的路由器分别下连两台三层交换机作为汇聚交换机，分别通过三层互连；两台三层汇聚交换机之间至少通过两条线路进行链路汇聚通信。

（4）PC2 和 PC3 分别接入 S1 和 S2 交换机；PC2 划归 Vlan10，PC3 划归 Vlan20。
网络地址规划具体如下。

（1）配置串口二层链路为 HDLC 封装模式，路由器 R1 的 S2/0/0 端口地址为 10.43.5.1/30；路由器 R2 的 S2/0/0 端口地址为 10.43.5.2/30，作为社区间互连地址。

（2）A 社区使用 172.16.1.1/24 作为内部网络地址段，其中以最后一个有效 IP 作为网关。PC2 主机使用第一个有效 IP 作为地址。

（3）A 社区接入因特网的地址为 10.2.1.5/30。 PC1 模拟因特网中的机器，地址为 10.2.1.6/30。

（4）交换机的端口地址（各子网网关的端口地址根据要求设定）。

（5）交换机 S1 端口 GE 0/0/1 指定网关路由地址为 202.192.36.1/24。

（6）交换机 S2 端口 GE 0/0/1 指定网关路由地址为 202.192.37.1/24。

（7）路由器 B 的以太网端口地址分别是：端口 GE 0/0/0:202.192.36.2/24、端口 GE 0/0/1:202.192.37.2/24。

■ **训练要求**

（1）设定各设备的名称，格式如：交换机 S1 命名为 "S1"；路由器 R1 命名为 "R1"。

（2）在路由器 R1 和路由器 R2 上配置 VPN 隧道，要求使用 IPSec 协议的 ISAKMP 策略算法保护数据，配置预共享密钥，建立 IPSec 隧道的报文使用 MD5 加密，IPSec 变换集合定义为 "ah-md5-hmac esp-3des"。两台路由器串口互连，路由器 B 作为 DCE 端。

（3）手工配置两个三层交换机通过 GE 0/0/2 和 GE 0/0/3 端口实现链路聚合。

（4）利用 OSPF 路由协议实现两社区之间的网络互连，并把直连端口以外部路由方式送进全网 OSPF 路由协议。

（5）在路由器 R2 上配置 DHCP 服务，并在交换机上配置 DHCP 中继，使得 B 社区中接入不同 Vlan 的机器能够获取正确的 IP 地址、网关与 DNS、分配获取的 IP 地址分为各 Vlan 全部可用的 IP（网关除外），租期为 3 天。

（6）配置路由器 R2，禁止 Vlan20 访问因特网。

（7）震荡波病毒常用的协议端口为 TCP 5554 和 445，请配置三层交换机以防止病毒在社区网内肆虐。

（8）配置 QoS 策略，保证 A 社区中的虚拟服务器能获得 1Mbit/s 以上的网络带宽。

（9）交换机 S2 的端口 10 上配置广播风暴抑制，每秒允许通过的广播包数为 2500b/s。

（10）S1、S2 两台交换的密码分别为 HuaweiA 和 HuaweiB，密码以加密方式储存。

（11）添加两个 AR1220 路由器，分别命名为 R1 和 R2，并分别为两个路由器添加 2SA 模块端口，使用串口线连接两台路由器。

（12）添加两台三层交换机，分别命名为 S1 和 S2。

（13）添加三台 PC，分别命名为 PC1、PC2 和 PC3，添加一台服务器，命名为 Server-PT，然后为所有计算机配置对应的地址、子网掩码及网关。

（14）在 Server-PT 上配置相应的 IP 地址，如图 6.7.1 所示。同时启用 FTP 服务，选取一个空目录作为 FTP 的根目录，如图 6.7.2 所示。

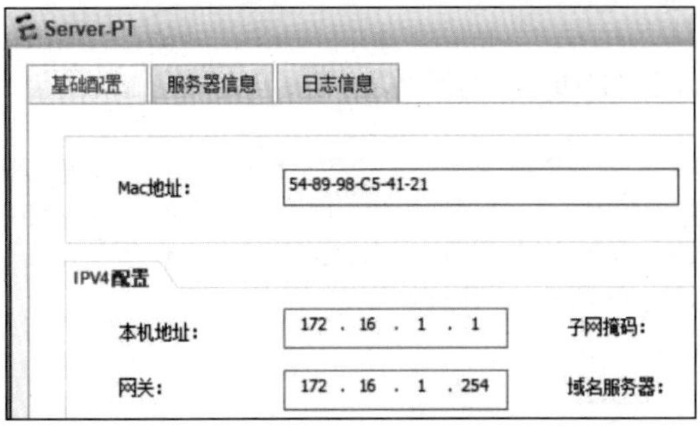

图 6.7.1 在 Server-PT 上配置 IP 地址

园区网综合实训二

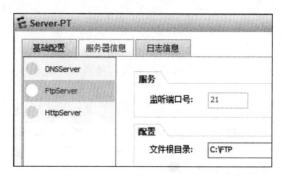

图 6.7.2　在 Server-PT 上选取根目录

（15）最后使用正确的线缆连接所有设备，并标明所连接的端口名称，得到如图 6.7.3 所示的网络拓扑结构图。

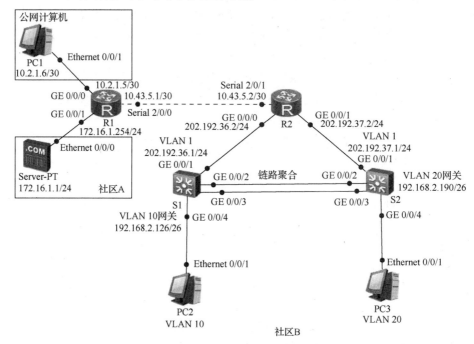

图 6.7.3　社区网网络拓扑结构图

训练步骤

01 交换机 S1 和 S2 的基本配置。

```
[S1]user-interface  console  0
[S1-ui-console0]authentication-mode password
[S1-ui-console0]set authentication password cipher HuaweiA
[S1-ui-console0]quit
[S1]quit
[S1]vlan 10
[S1]int vlan 1
```

```
[S1-Vlanif1]ip add 202.192.36.1 24
[S1-Vlanif1]quit
[S1]int vlan 10
[S1-Vlanif10]ip add 192.168.2.126 26
[S1-Vlanif10]quit
[S1]int g0/0/4
[S1-GigabitEthernet0/0/4]port link-type  access
[S1-GigabitEthernet0/0/4]port default  vlan 10
[S1-GigabitEthernet0/0/4]quit

[S2]user-interface console  0
[S2-ui-console0]authentication-mode password
[S2-ui-console0]set authentication  password  cipher  HuaweiB
[S2-ui-console0]quit
[S2]vlan 20
[S2-vlan20]int vlan 1
[S2-Vlanif1]ip add 202.192.37.1 24
[S2-Vlanif1]int vlan 20
[S2-Vlanif20]ip add 192.168.2.190 26
[S2-Vlanif20]quit
[S2]int g0/0/4
[S2-GigabitEthernet0/0/4]port link-type  access
[S2-GigabitEthernet0/0/4]port default  vlan 20
[S2-GigabitEthernet0/0/4]quit
```

02 配置交换机 S1 和 S2 的端口聚合。

在真实交换机中做端口聚合或生成树实验时，一般先配置好相应的协议或配置后，再连接两条网线；否则，交换机内部会形成环路，影响交换机的正常工作。

```
[S1]int Eth-Trunk 1
[S1-Eth-Trunk1]trunkport  GigabitEthernet 0/0/2 to 0/0/3
[S1-Eth-Trunk1]port link-type trunk
[S1-Eth-Trunk1]quit

[S2]int Eth-Trunk 1
[S2-Eth-Trunk1]trunkport  GigabitEthernet 0/0/2 to 0/0/3
[S2-Eth-Trunk1]port link-type trunk
[S2-Eth-Trunk1]quit
```

做完端口聚合后，使用 display interface GigabitEthernet 命令查看，即可发现端口状态已经 up，说明端口聚合配置成功。

03 路由器 R1 和路由器 R2 的基本配置。

```
[R1]int s2/0/0
[R1-Serial2/0/0]ip add 10.43.5.1 30
[R1-Serial2/0/0]quit
[R1]int g0/0/0
```

```
[R1-GigabitEthernet0/0/0]ip add 10.2.1.5 30
[R1-GigabitEthernet0/0/0]quit
[R1]int g0/0/1
[R1-GigabitEthernet0/0/1]ip add 172.16.1.254 24
[R1-GigabitEthernet0/0/1]quit

[R2]int s2/0/1
[R2-Serial2/0/1]ip add 10.43.5.2 30
[R2-Serial2/0/1]quit
[R2]int g0/0/0
[R2-GigabitEthernet0/0/0]ip add 202.192.36.2 24
[R2-GigabitEthernet0/0/0]int g0/0/1
[R2-GigabitEthernet0/0/1]ip add 202.192.37.2 24
[R2-GigabitEthernet0/0/1]quit
```

04 路由器 VPN（IPSec）配置。

根据训练要求，两台路由器通过 VPN（IPSec）技术互连，使用 IPSec 协议的 ISAKMP 策略算法保护数据，配置预共享密钥，建立 IPSec 隧道的报文使用 MD5 加密，IPSec 变换集合定义为"esp-3des-md5"。

```
[R1]acl number 3000
[R1-acl-adv-3000]rule permit ip source 172.16.1.0 0.0.0.255
destination  192.168.2.0 0.0.0.255
[R1-acl-adv-3000]quit
[R1]ike proposal 1                              //创建 IKE 提议
[R1-ike-proposal-1]encryption-algorithm 3des-cbc //加密算法
[R1-ike-proposal-1]dh group2                    //设置 DH 组
[R1-ike-proposal-1]authentication-algorithm md5 //设置认证算法
[R1-ike-proposal-1]quit
[R1]ike  peer RouterB v1                        //创建 IKE 对等体
[R1-ike-peer-RouterB]pre-shared-key simple 123456
                                       //设置预共享密钥为简单认证
[R1-ike-peer-RouterB]remote-address 10.43.5.2  //设置对等体
[R1-ike-peer-RouterB]quit
[R1]ipsec proposal 1                        //创建 IPSec 安全提议
[R1-ipsec-proposal-1]encapsulation-mode tunnel   //配置封装模式
[R1-ipsec-proposal-1]esp authentication-algorithm md5
                                       //配置 ESP 所使用的认证算法
[R1-ipsec-proposal-1]esp encryption-algorithm 3des
                                       //配置 ESP 所使用的认证算法
[R1-ipsec-proposal-1]quit
[R1]ipsec policy Huawei 1 isakmp                //创建安全策略
[R1-ipsec-policy-isakmp-Huawei-1]security  acl 3000 //应用 ACL
[R1-ipsec-policy-isakmp-Huawei-1]ike-peer  RouterB
                                       //应用 IKE 对等体
[R1-ipsec-policy-isakmp-Huawei-1]proposal 1    //应用 IKE 安全提议
```

```
[R1-ipsec-policy-isakmp-Huawei-1]quit
[R1]int s2/0/0
[R1-Serial2/0/0]ipsec policy Huawei        //在出端口上应用安全策略
[R1-Serial2/0/0]quit

[R2]acl number 3000
[R2-acl-adv-3000]rule permit ip source 192.168.2.0 0.0.0.255
destination  172.16.1.0 0.0.0.255
[R2-acl-adv-3000]quit
[R2]ike proposal 1
[R2-ike-proposal-1]encryption-algorithm 3des-cbc
[R2-ike-proposal-1]dh group2
[R2-ike-proposal-1]authentication-algorithm md5
[R2-ike-proposal-1]quit
[R2]ike peer R1 v1
[R2-ike-peer-R2]pre-shared-key simple  123456
[R2-ike-peer-R2]remote-address 10.43.5.1
[R2-ike-peer-R2]quit
[R2]ipsec proposal 1
[R2-ipsec-proposal-1]encapsulation-mode  tunnel
[R2-ipsec-proposal-1]esp authentication-algorithm  md5
[R2-ipsec-proposal-1]esp encryption-algorithm 3des
[R2-ipsec-proposal-1]quit
[R2]ipsec policy Huawei 1 isakmp
[R2-ipsec-policy-isakmp-Huawei-1]security  acl 3000
[R2-ipsec-policy-isakmp-Huawei-1]ike-peer R1
[R2-ipsec-policy-isakmp-Huawei-1]proposal 1
[R2-ipsec-policy-isakmp-Huawei-1]quit
[R2]int s2/0/1
[R2-Serial2/0/1]ipsec policy  Huawei
[R2-Serial2/0/1]quit
```

当 IPSec 配置完成后，使用抓包工具 Wireshark 抓取 S 2/0/0 的数据，结果如图 6.7.4 所示（注意：ISAKMP 包在交换安全密钥成功后便不会再发布 ISAKMP 报文）。

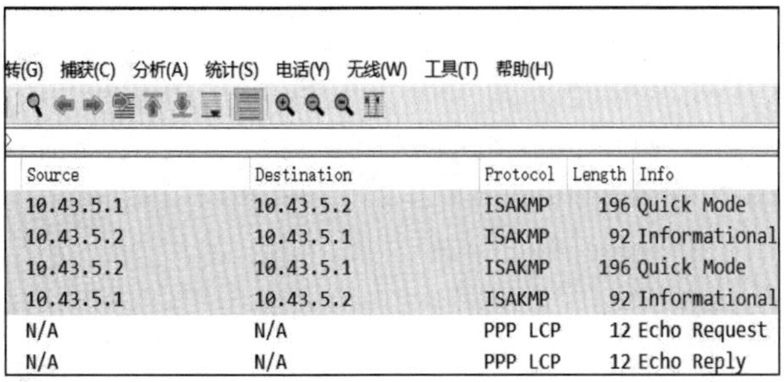

Source	Destination	Protocol	Length	Info
10.43.5.1	10.43.5.2	ISAKMP	196	Quick Mode
10.43.5.2	10.43.5.1	ISAKMP	92	Informational
10.43.5.2	10.43.5.1	ISAKMP	196	Quick Mode
10.43.5.1	10.43.5.2	ISAKMP	92	Informational
N/A	N/A	PPP LCP	12	Echo Request
N/A	N/A	PPP LCP	12	Echo Reply

图 6.7.4 在 Wireshark 抓包的结果

05 配置路由协议。

根据训练要求，在各设备上启用 OSPF 路由协议实现两社区之间的网络互连，并把直连端口以外部路由方式送进全网 OSPF 路由协议。

```
[R1]ospf 10
[R1-ospf-10]area 0
[R1-ospf-10-area-0.0.0.0]network 10.2.1.6 255.255.255.252
[R1-ospf-10-area-0.0.0.0]network 172.16.1.1 255.255.255.0
[R1-ospf-10-area-0.0.0.0]network 10.43.5.1 255.255.255.252
[R1-ospf-10-area-0.0.0.0]quit
[R1-ospf-10]quit

[R2]ospf 10
[R2-ospf-10]area 0
[R2-ospf-10-area-0.0.0.0]network 10.43.5.2 255.255.255.252
[R2-ospf-10-area-0.0.0.0]network 202.192.36.2 255.255.255.0
[R2-ospf-10-area-0.0.0.0]network 202.192.37.2 255.255.255.0
[R2-ospf-10-area-0.0.0.0]quit
[R2-ospf-10]quit

[S1]ospf 10
[S1-ospf-10]area 0
[S1-ospf-10-area-0.0.0.0]network 202.192.36.1 255.255.255.0
[S1-ospf-10-area-0.0.0.0]network 192.168.2.126 255.255.255.192
[S1-ospf-10-area-0.0.0.0]quit
[S1-ospf-10]quit

[S2]ospf 10
[S2-ospf-10]area 0
[S2-ospf-10-area-0.0.0.0]network 202.192.37.1 255.255.255.0
[S2-ospf-10-area-0.0.0.0]network 192.168.2.190 255.255.255.192
[S2-ospf-10-area-0.0.0.0]quit
[S2-ospf-10]quit
```

06 DHCP 配置。

（1）根据训练要求，先在 R2 上配置 DHCP 服务。

```
[R2]dhcp enable
[R2]ip pool Vlan10
[R2-ip-pool-Vlan10]network 192.168.2.64 mask 255.255.255.192
[R2-ip-pool-Vlan10]gateway-list 192.168.2.126
[R2-ip-pool-Vlan10]dns-list 172.16.1.2
[R2-ip-pool-Vlan10]lease day 3
[R2-ip-pool-Vlan10]quit
[R2]ip pool Vlan20
[R2-ip-pool-Vlan20]network 192.168.2.128 mask 255.255.255.192
[R2-ip-pool-Vlan20]gateway-list 192.168.2.190
[R2-ip-pool-Vlan20]dns-list 172.16.1.2
[R2-ip-pool-Vlan20]lease day 3
```

```
[R2-ip-pool-Vlan20]quit
[R2]int g0/0/0
[R2-GigabitEthernet0/0/0]dhcp select global
[R2-GigabitEthernet0/0/0]quit
[R2]int g0/0/1
[R2-GigabitEthernet0/0/1]dhcp select global
[R2-GigabitEthernet0/0/1]quit
```

（2）在两台交换机 S1 和 S2 上分别配置 DHCP 中继。

```
[S1]dhcp enable
[S1]int vlan 10
[S1-Vlanif10]dhcp select relay
[S1-Vlanif10]dhcp relay server-ip 202.192.36.2
[S1-Vlanif10]quit

[S2]dhcp enable
[S2]int vlan 20
[S2-Vlanif20]dhcp select relay
[S2-Vlanif20]dhcp relay server-ip 202.192.37.2
[S2-Vlanif20]quit
```

07 在 S1 和 R1 上应用 ACL。

（1）配置 S1，以防止病毒在局域网内肆虐：

```
[S1]acl number 3000
[S1-acl-adv-3000]rule deny tcp source any destination any
destination-port eq 445
[S1-acl-adv-3000]rule deny tcp source any destination any
destination-port eq 5554
[S1-acl-adv-3000]quit
[S1]int g0/0/1
[S1-GigabitEthernet0/0/1]traffic-filter inbound  acl 3000
[S1-GigabitEthernet0/0/1]int g0/0/4
[S1-GigabitEthernet0/0/4]traffic-filter  inbound  acl 3000
[S1-GigabitEthernet0/0/4]quit
```

（2）配置路由器 R1，禁止 Vlan20 访问互联网，具体配置命令如下：

```
[R1]acl number 3001
[R1-acl-adv-3001]rule deny ip source 192.168.2.128 0.0.0.63
destination any
[R1-acl-adv-3001]rule permit ip source  any  destination  any
[R1-acl-adv-3001]quit
[R1]int g0/0/0
[R1-GigabitEthernet0/0/0]traffic-filter outbound  acl 3001
[R1-GigabitEthernet0/0/0]quit
```

08 在 R1 上应用 Qos 策略。

根据训练要求配置 Qos 策略，保证 A 社区中的 Server-PT 服务器能获取 1Mbit/s 以上的网络带宽。

```
[R1]acl number 2000
[R1-acl-basic-2000]rule 5 permit source 172.16.1.1.0
[R1]traffic classifier A1 operator or
[R1-classifier-A1]if-match acl 2000
[R1-classifier-A1]quit
[R1]traffic behavior B1
[R1-behavior-B1]car cir 1024
[R1-behavior-B1]quit
[R1]traffic policy R1
[R1-trafficpolicy-R1]classifier A1 behavior  B1
[R1-trafficpolicy-R1]quit
[R1]int g0/0/1
[R1-GigabitEthernet0/0/1]traffic-policy R1 outbound
[R1-GigabitEthernet0/0/1]quit
[R1]
```

09 应用 FTP 服务上传配置文件。

根据训练要求，Server-PT 已经搭建好 FTP 服务，将所有网络设备的配置文件通过 FTP 服务备份到 Server-PT 的 FTP 服务器根目录中。例如，在 R1 上的实现命令如下：

```
[R1]ftp server enable                            //开启 FTP 服务
[R1]aaa
[R1-aaa]local-user ftp password cipher 123       //创建 FTP 管理用户
[R1-aaa]local-user ftp service-type ftp
[R1-aaa]local-user ftp privilege level 15
[R1-aaa]quit
[R1]quit
<R1>save                                          //保存当前配置文件

<R1>dir
Directory of flash:/

  Idx  Attr    Size(Byte)  Date           Time(LMT)   FileName
    0  drw-          -      May 26 2022 00:35:52  dhcp
    1  -rw-    121,802      May 26 2014 09:20:58  portalpage.zip
    2  -rw-      2,263      May 26 2022 00:35:48  statemach.efs
    3  -rw-    828,482      May 26 2014 09:20:58  sslvpn.zip
    4  -rw-        392      May 27 2022 01:37:05  private-data.txt
    5  -rw-      1,268      May 27 2022 01:38:37  vrpcfg.zip

//此时,系统文件目录中已含有一份 vrpcfg.zip 配置文件
<R1>ftp 172.16.1.1      //访问 FTP 服务器
Trying 172.16.1.1 ...
User(172.16.1.1:(none)):ftp
```

```
Enter password:123
230 User ftp logged in , proceed

[R1-ftp]put vrpcfg.zip      //将配置文件传输至 FTP 服务器
150 Opening BINARY data connection for vrpcfg.zip
 100%
226 Transfer finished successfully. Data connection closed.
FTP: 966 byte(s) sent in 0.340 second(s) 2.84Kbyte(s)/sec.
[R1-ftp]
```

10 训练测试。

（1）查看社区 B 的 PC 是否能正确获得 IP 地址。图 6.7.5 和图 6.7.6 所示分别为在 PC2 和 PC3 上查看自动获取 IP 地址的情况。

图 6.7.5　在 PC2 上查看自动获取 IP 地址情况

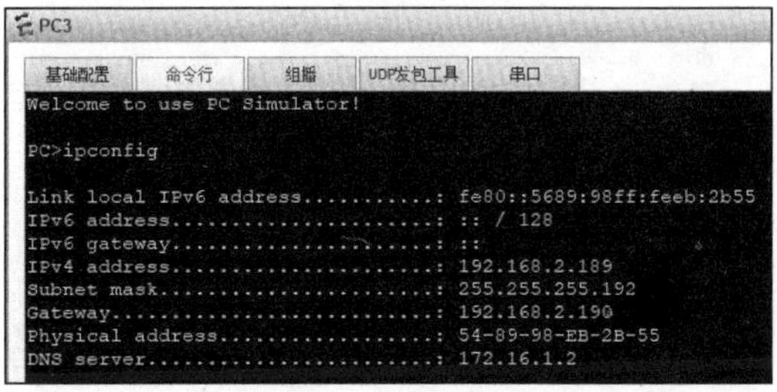

图 6.7.6　在 PC3 上查看自动获取 IP 地址情况

（2）查看 R1 通过 FTP 服务器所导入的配置文件是否上传成功，如图 6.7.7 所示。

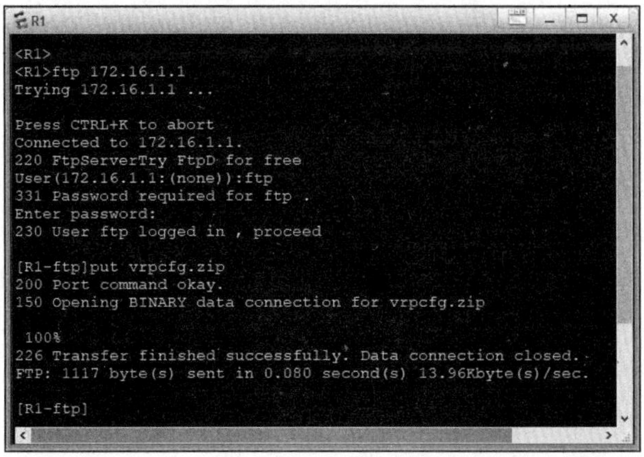

图 6.7.7　在 R1 上通过 FTP 服务器上传配置文件情况

（3）使用 ping 命令测试 PC2 与 Server-PT 之间的连通性，如图 6.7.8 所示。

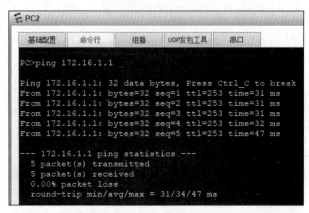

图 6.7.8 在 PC2 上使用 ping 命令测试与 Server-PT 的连通性

训练小结

（1）IPSec 可以通过加密和认证来保护互联网或公共网络传输的数据包，以确保数据在传输过程中不会被窃取或篡改。

（2）Qos 可以利用各种基础技术，为指定的网络通信提供更好的服务能力，配合 IPSec 可以做到数据包的透明传输。

任务八 园区网综合实训三

训练描述

若 GDSchool 的新校区刚刚建成，需要你协助搭建校园的网络环境。请根据客户的功能需求，利用两台三层交换机和三台路由器搭建校园内部网络。学校计划将一台三层交换机提供给实验室计算机接入使用，请将其命名为 Classroom。使用一台路由器模拟防火墙，将其命名为 Firewall。另一台三层交换机作为非军事区的管理交换机，将其命名为 DMZ。在内部网络和外部网络之间构造一个安全地带，更加有效地保护了内部网络。学校能通过电信网和教育网两种方式接入因特网。现利用一台路由器接入到电信网，将其命名为 TelCom。利用另一台路由器接入到教育网，将其命名为 Edu。按照网络拓扑结构图制作网线并连接各设备，Firewall 与 TelCom 之间，以及 Firewall 与 Edu 之间使用串口线连接。

本任务的网络拓扑图如图 6.8.1 所示。

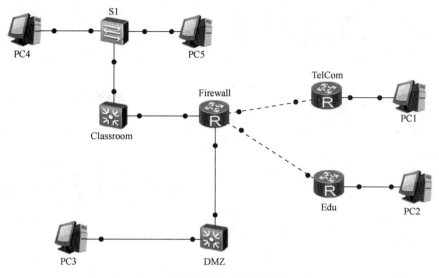

图 6.8.1 校区网网络拓扑结构图（1）

■ 训练要求

（1）网络内部使用 DHCP 分配各实验室的 IP 地址，在实验室交换机上按照划分的 Vlan 地址范围配置 DHCP。让连接到实验室交换机的计算机能从 DHCP 服务器分配到有效合适的地址，同时增加 Vlan30、Vlan40 两个业务网段，便于未来的部门主机使用。

（2）在 DMZ 交换机关闭 TCP 端口 135、139，关闭 UDP 端口 137、138。

（3）DMZ 交换机除上连端口外，各个端口只能连接计算机，不能连接其他设备。

（4）在 Firewall 上配置过滤，不能访问腾讯网（60.28.14.158）、猫扑网（60.217.241.7）和淘宝网（123.129.244.180）。

（5）在 Firewall 和 Edu 的串口链路上封装 PPP，在 Firewall 和 TelCom 的串口链路上封装 HDLC 协议。

（6）内部网络可以通过 NAT 的方式访问电信互联网。

（7）添加 3 个 AR1220 路由器，分别命名为 Firewall、TelCom 和 Edu，并为每个路由器添加 2SA 串口模块，以便数据传输。

（8）添加两台 S1 交换机，分别命名为 Classroom 和 DMZ。添加一台 S3700 交换机，以便端口的扩展。

（9）添加 5 台计算机，分别命名为 PC1、PC2、PC3、PC4 和 PC5，然后为相应的计算机配置相应的 IP 地址、子网掩码及网关。

（10）最后使用正确的线缆连接所有设备，并标明所连接的端口名称，得到如图 6.8.2 所示的网络拓扑结构图。

园区网综合
实训三

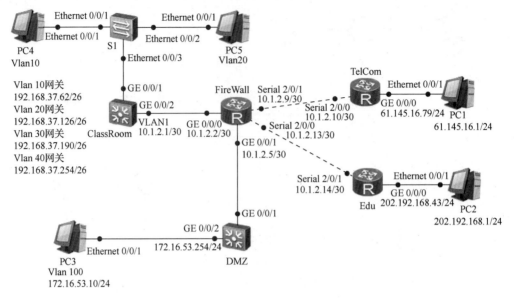

图 6.8.2　校区网网络拓扑结构图（2）

训练步骤

01 ClassRoom 交换机、S1 交换机与 DMZ 交换机的基本配置。

在进行网络通信建设时，交换机对 Vlan 的端口划分以及地址规划尤为重要，这是最基础的底层配置。

```
[ClassRoom]vlan batch 10 20 30 40
[ClassRoom]int vlan 1
[ClassRoom-Vlanif1]ip add 10.1.2.1 30
[ClassRoom-Vlanif1]quit
[ClassRoom]int vlan 10
[ClassRoom-Vlanif10]ip add 192.168.37.62 26
[ClassRoom-Vlanif10]quit
[ClassRoom]int vlan 20
[ClassRoom-Vlanif20]ip add 192.168.37.126 26
[ClassRoom-Vlanif20]quit
[ClassRoom]int vlan 30
[ClassRoom-Vlanif30]ip add 192.168.37.190 26
[ClassRoom-Vlanif30]quit
[ClassRoom]int vlan 40
[ClassRoom-Vlanif40]ip add 192.168.37.254 26
[ClassRoom-Vlanif40]quit
[ClassRoom]int g0/0/1
[ClassRoom-GigabitEth0/0/1]port link-type trunk
[ClassRoom-GigabitEth0/0/1]port trunk allow-pass vlan 10 20 30 40
[ClassRoom-GigabitEth0/0/1]quit
```

```
[S1]vlan batch 10 20 30 40
[S1]int e0/0/1
[S1-Ethernet0/0/1]port link-type access
[S1-Ethernet0/0/1]port default vlan 10
[S1-Ethernet0/0/1]quit
[S1]int e0/0/2
[S1-Ethernet0/0/2]port link-type access
[S1-Ethernet0/0/2]port default vlan 20
[S1-Ethernet0/0/2]quit
[S1]int e0/0/3
[S1-Ethernet0/0/3]port link-type trunk
[S1-Ethernet0/0/3]port trunk allow-pass vlan 10 20 30 40
[S1-Ethernet0/0/3]quit

[DMZ]vlan 100
[DMZ-vlan100]int vlan 100
[DMZ-Vlanif100]ip add 172.16.53.254 24
[DMZ-Vlanif100]quit
[DMZ]int vlan 1
[DMZ-Vlanif1]ip add 10.1.2.6 30
[DMZ-Vlanif1]quit
[DMZ]int g0/0/2
[DMZ-GigabitEthernet0/0/2]port link-type access
[DMZ-GigabitEthernet0/0/2]port default vlan 100
[DMZ-GigabitEthernet0/0/2]quit
```

02 交换机端口的安全配置。

（1）根据要求，实验室交换机 Classroom 上设置该端口只能接入 20 台计算机，发现违规就丢弃未定义地址的包。

```
[ClassRoom]int g0/0/1
[ClassRoom-GigabitEthernet0/0/1]mac-limit maximum 20
    //配置限制只能接入 20 台计算机
[ClassRoom-GigabitEthernet0/0/1]mac-limit alarm enable
    //使能端口的告警功能
[ClassRoom-GigabitEthernet0/0/1]quit
```

（2）根据要求，在 DMZ 交换机上关闭 TCP 端口 135、139，关闭 UDP 端口 137、138。

```
[DMZ]acl number 3000
[DMZ-acl-adv-3000]rule deny tcp source  any destination any desti
nation-port  eq 135    //拒绝 TCP 的 135 端口
[DMZ-acl-adv-3000]rule deny tcp source  any  destination any desti
nation-port eq 139
[DMZ-acl-adv-3000]rule deny tcp source any destination any desti
nation-port eq 137
[DMZ-acl-adv-3000]rule deny udp source any destination any desti
nation-port eq 138    //拒绝 UDP 的 138 端口
```

```
[DMZ-acl-adv-3000]rule permit  ip source any destination  any
[DMZ-acl-adv-3000]quit
[DMZ]traffic-filter vlan 1 inbound  acl 3000
[DMZ]traffic-filter vlan 100 inbound acl 3000
```

03 Classroom 交换机 DHCP 的配置。

```
[ClassRoom]ip pool vlan10
[ClassRoom-ip-pool-vlan10]network 192.168.37.0 mask 26
[ClassRoom-ip-pool-vlan10]gateway 192.168.37.62
[ClassRoom-ip-pool-vlan10]quit
[ClassRoom]ip pool vlan20
[ClassRoom-ip-pool-vlan20]network 192.168.37.64 mask  26
[ClassRoom-ip-pool-vlan20]gateway 192.168.37.126
[ClassRoom-ip-pool-vlan20]quit
[ClassRoom]ip pool vlan30
[ClassRoom-ip-pool-vlan30]network 192.168.37.128 mask  26
[ClassRoom-ip-pool-vlan30]gateway 192.168.37.190
[ClassRoom-ip-pool-vlan30]quit
[ClassRoom]ip pool vlan40
[ClassRoom-ip-pool-vlan40]network 192.168.37.192 mask  26
[ClassRoom-ip-pool-vlan40]gateway 192.168.37.254
[ClassRoom-ip-pool-vlan40]quit
[ClassRoom]dhcp enable
[ClassRoom]int vlan 10
[ClassRoom-Vlanif10]dhcp select global
[ClassRoom-Vlanif10]int vlan 20
[ClassRoom-Vlanif20]dhcp select global
[ClassRoom-Vlanif20]int vlan 30
[ClassRoom-Vlanif30]dhcp select global
[ClassRoom-Vlanif30]int vlan 40
[ClassRoom-Vlanif40]dhcp select global
[ClassRoom-Vlanif40]quit
```

完成以上配置后，将 PC4 与 PC5 的 IP 获取方式改为 DHCP 方式，可看到两台 PC 都能获得相应的地址。

04 三台路由器的基本配置。

```
[Firewall]int g0/0/0
[Firewall-GigabitEthernet0/0/0]ip add 10.1.2.2 30
[Firewall-GigabitEthernet0/0/0]quit
[Firewall]int g0/0/1
[Firewall-GigabitEthernet0/0/1]ip add 10.1.2.5 30
[Firewall-GigabitEthernet0/0/1]quit
[Firewall]int s2/0/1
[Firewall-Serial2/0/1]ip add 10.1.2.9 30
[Firewall-Serial2/0/1]link-protocol hdlc    //将端口封装类型改为 HDLC
[Firewall-Serial2/0/1]int s2/0/0
```

```
[Firewall-Serial2/0/0]ip add 10.1.2.13 30
[Firewall-Serial2/0/0]link-protocol ppp    //将端口封装类型改为PPP
[Firewall-Serial2/0/0]quit

[TelCom]int g0/0/0
[TelCom-GigabitEthernet0/0/0]ip add 61.145.16.79 24
[TelCom-GigabitEthernet0/0/0]quit
[TelCom]int s2/0/0
[TelCom-Serial2/0/0]ip add 10.1.2.10 30
[TelCom-Serial2/0/0]link-protocol hdlc
[TelCom-Serial2/0/0]quit

[Edu]int g0/0/0
[Edu-GigabitEthernet0/0/0]ip add 202.192.168.43 24
[Edu-GigabitEthernet0/0/0]quit
[Edu]int s2/0/1
[Edu-Serial2/0/1]ip add 10.1.2.14 30
[Edu-Serial2/0/1]link-protocol ppp
[Edu-Serial2/0/1]quit
```

完成以上配置，网络设备之间方可实现相互通信。

05 路由器的 NAT 配置。

根据训练要求，在路由器 Firewall 上配置动态 NAT，以实现内部网络访问因特网。先为内部网络配置 OSPF 路由协议，以实现内部网络通信。

（1）为交换机 Classroom 配置 OSPF 路由协议：

```
[ClassRoom]ospf 10
[ClassRoom-ospf-10]area 0
[ClassRoom-ospf-10-area-0.0.0.0]network 10.1.2.0 0.0.0.3
[ClassRoom-ospf-10-area-0.0.0.0]network 192.168.37.0 0.0.0.63
[ClassRoom-ospf-10-area-0.0.0.0]network 192.168.37.64 0.0.0.63
[ClassRoom-ospf-10-area-0.0.0.0]network 192.168.37.128 0.0.0.63
[ClassRomm-ospf-10-area-0.0.0.0]network 192.168.37.192 0.0.0.63
```

（2）为交换机 DMZ 配置 OSPF 路由协议：

```
[DMZ]ospf 10
[DMZ-ospf-10] area 0.0.0.0
[DMZ-ospf-10-area-0.0.0.0]network 10.1.2.4 0.0.0.3
[DMZ-ospf-10-area-0.0.0.0]network 172.16.53.0 0.0.0.255
```

（3）为路由器 Firewall 配置 OSPF 路由协议与默认路由，并配置 NAT 转换：

```
[FireWall]ospf 10
[FireWall-ospf-10] default-route-advertise always  //发布默认路由
（使内部网络能够访问到外部网络）
[FireWall-ospf-10] area 0.0.0.0
[FireWall-ospf-10-area-0.0.0.0]network 10.1.2.0 0.0.0.3
```

```
[FireWall-ospf-10-area-0.0.0.0]network 10.1.2.4 0.0.0.3
[FireWall-ospf-10-area-0.0.0.0]quit
[FireWall]ip route-static 0.0.0.0 0.0.0.0 10.1.2.10
[FireWall]ip route-static 0.0.0.0 0.0.0.0 10.1.2.14
[Firewall]acl number 2000
[Firewall-acl-basic-2000]rule permit source 192.168.37.0 0.0.0.255
[Firewall-acl-basic-2000]rule permit source 172.16.53.0 0.0.0.255
[Firewall-acl-basic-2000]quit
[Firewall]int s2/0/1
[Firewall-Serial2/0/1]nat outbound 2000
[Firewall-Serial2/0/1]quit
[Firewall]nat static protocol tcp global 202.10.1.1 80
inside 172.16.53.10 80    //配置静态 NAT，实现教育网访问内网
[Firewall]int s2/0/0
[Firewall-Serial2/0/0]nat static enable
[Firewall-Serial2/0/0]nat outbound 2000
[Firewall-Serial2/0/0]quit
```

（4）为路由器 Edu 添加默认路由：

```
[Edu]ip route-static 0.0.0.0 0 10.1.2.13
```

06 路由器的 ACL 应用配置。

根据训练要求，在路由器 Firewall 上配置过滤，使内部网不能访问腾讯网 (60.28.14.158)、猫扑网（60.217.241.7）和淘宝网（123.129.244.180）。具体配置如下：

```
[Firewall]acl number 3000
[Firewall-acl-adv-3000]rule deny tcp destination 60.28.14.158 0
destination-port eq 80
[Firewall-acl-adv-3000]rule deny tcp destination 60.217.241.7 0
destination-port eq 80
[Firewall-acl-adv-3000]rule deny tcp destination 123.129.244.180
 0 destination-port eq 80
//限制所有源地址禁止访问这三条地址的 80 端口
[Firewall-acl-adv-3000]quit
```

07 训练测试。

（1）查看 PC4 与 PC5 是否获取了正确的 IP 地址，如图 6.8.3 和图 6.8.4 所示。

图 6.8.3　在 PC4 上查看自动获取 IP 地址情况

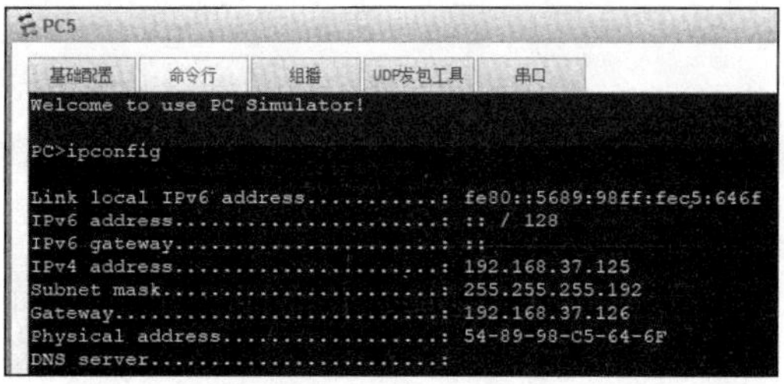

图 6.8.4　在 PC5 上查看自动获取 IP 地址情况

（2）使用 ping 验证内网计算机之间（PC3 与 PC4、PC5）是否相通，如图 6.8.5 和图 6.8.6 所示。

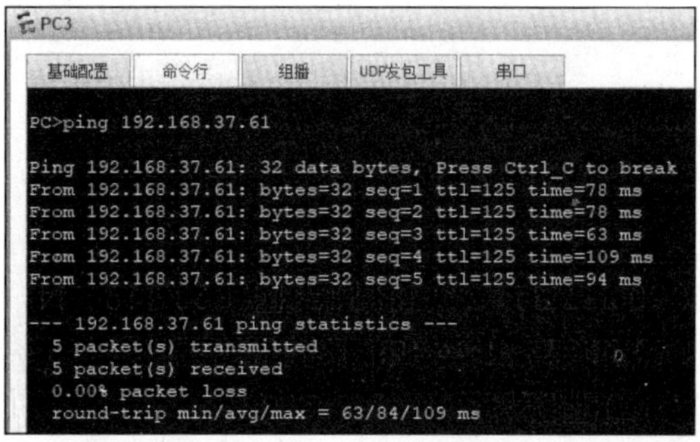

图 6.8.5　在 PC3 上使用 ping 命令测试与 PC4 的连通性

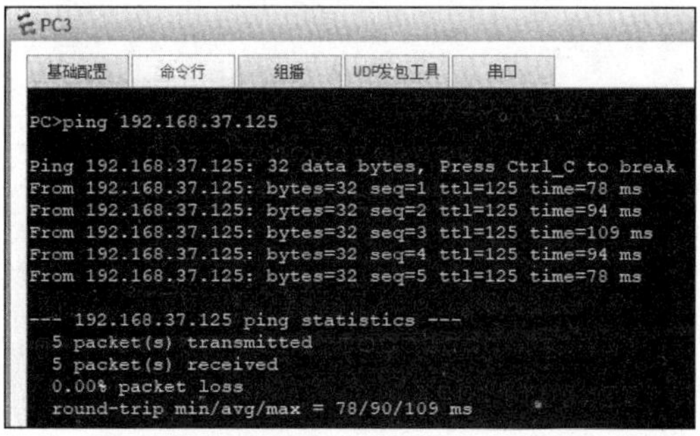

图 6.8.6　在 PC3 上使用 ping 命令测试与 PC5 的连通性

（3）测试内网计算机 PC4 能否 ping 通电信网的计算机 PC1，如图 6.8.7 所示。

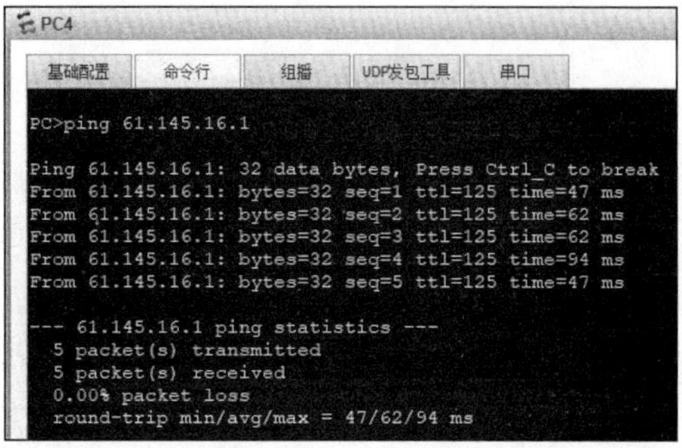

图 6.8.7　在 PC4 上使用 ping 命令测试与 PC1 的连通性

▌训练小结▌

（1）通过 DMZ 区域，可以使位于企业内部网络和外部网络之间的小网络区域得到更加稳定且安全的传输空间，相对一般的防火墙部署来说，对来自外网的攻击者又多了一道关卡。

（2）通过在 Firewall 路由器所建立的 ACL 列表，可以有效地将指定的地址过滤，使互联网的垃圾信息得到及时清理。

参 考 文 献

华为技术有限公司，2017. HCNA 网络技术实验[M]. 北京：人民邮电出版社.

华为技术有限公司，2020. 网络系统建设与运维（初级）[M]. 北京：人民邮电出版社.

华为技术有限公司，2020. 网络系统建设与运维（中级）[M]. 北京：人民邮电出版社.

谢希仁，2009. 计算机网络[M]. 北京：电子工业出版社.

徐国庆，2009. 职业教育项目课程开发指南[M]. 上海：华东师范大学出版社.

赵志群，2009. 职业教育工学结合一体化课程开发指南[M]. 北京：清华大学出版社.